LIMAI
ZAIPEI JI YINGYONG YANJIU

藜麦
栽培及应用研究

梅　丽等　著

中国农业出版社
北　京

图书在版编目（CIP）数据

藜麦栽培及应用研究 / 梅丽等著．—北京：中国农业出版社，2024.7.

ISBN 978-7-109-32206-6

Ⅰ．S512.9

中国国家版本馆 CIP 数据核字第 20243EE137 号

中国农业出版社出版

地址：北京市朝阳区麦子店街 18 号楼

邮编：100125

责任编辑：郭晨茜

版式设计：小荷博睿　　责任校对：吴丽婷

印刷：北京印刷集团有限责任公司

版次：2024 年 7 月第 1 版

印次：2024 年 7 月北京第 1 次印刷

发行：新华书店北京发行所

开本：880mm×1230mm　1/32

印张：6.75　　插页：14

字数：215 千字

定价：68.00 元

著者名单

梅　丽　北京市农业技术推广站
周继华　北京市农业技术推广站
王俊英　北京市农业技术推广站
张金良　北京市植物保护站
周吉红　北京市农业技术推广站
孟范玉　北京市农业技术推广站

序　言

北京是祖国的首善之区，集居的人口超过2 000多万，常年流动人口300多万，是全国重要的政治、文化和国际交往中心，对食物的多样性需求已成为北京农业发展中的一大特色。在北京的“粮袋子”“菜篮子”“果盘子”中，“菜篮子”和“果盘子”已经成为北京农业的主体，“粮袋子”中的花色品种尚显单调，引进适合北京市的优良粮食品种是当前粮食作物结构调整中的一项应急途径。

在人类历史的长河中，食物始终是推动文明进步的重要力量。从古至今，人们不断探索、驯化和种植各种作物，以满足日益增长的生存需求。在这个过程中，一种古老而神秘的作物——藜麦（*Chenopodium quinoa* Willd），逐渐走进了全球科研人员和农业从业者的视野。藜麦，原产于南美洲的安第斯山区，拥有超过7 000年的栽培历史，被当地人誉为“粮食之母”。其独特的营养价值和广泛的适应性，使其成为近年来全球农业研究的热点之一。因其籽粒中富含蛋白质、淀粉、脂肪、矿物质、维生素等多种营养成分，是膳食纤维、多酚和黄酮类物质的良好来源，对促进人体健康具有显著作用。联合国粮食及农业组织（FAO）甚至将其誉为“最适宜人类的全营养食品”。

2015年以来，已有95个国家引进种植。

随着全球对藜麦关注度的不断提升，我们深感有必要对藜麦的栽培技术、营养特性及其应用前景进行系统而全面的介绍。北京市农业技术推广站从2015年引进试种，表现出适应性强——耐旱、耐寒、耐瘠的优良特性。经过8年的实践探索，已形成适合北京地区的栽培技术和食品加工技术。为了进一步推广普及藜麦栽培加工技术，编写了《藜麦栽培及应用研究》，同时也可为科研机构、高等院校、农业企业相关人员和广大农民提供一本权威、实用的参考书籍。

本书共分为多个章节，从藜麦的起源与分布、植物学特性、农业生产技术、抗逆性、病虫害防治等多个方面进行了深入阐述。首先，介绍了藜麦的驯化历程和在全球范围内的分布情况，让读者对其起源和现状有一个清晰的认识。接着，详细描述了藜麦的植物学特性，包括其生长习性、生理生态需求等，为后续的栽培管理提供理论基础。在农业生产技术部分，重点介绍了藜麦的栽培技术措施，包括栽培地点的选择、种植方式、田间管理等方面。同时结合不同地区的生态条件和栽培实践，提出了具有针对性的栽培建议，旨在帮助读者提高藜麦的产量和品质。此外，还对藜麦的抗逆性、病虫害防治等方面进行了深入探讨，为读者提供了全面的解决方案。对藜麦的应用前景和市场潜力的展望，以及其在食品加工、健康保健等领域的应用情况进行了阐述。我们相信，随着全球对营养健康食品需求的不断增加，藜麦产业将迎来更加广阔的发展前景。

本书主笔人梅丽高级农艺师从事一线技术研究及推广工作17年，亲自主持了北京市藜麦栽培技术研究及示范推广工作，收集、整理和积累了大量一手资料和图片，保障了本书的科学性和准确性。本书有助于激发有关学者与专家、生产者与研究人员对藜麦的广泛兴趣，使他们更加注重开发这一极具潜力的农作物。

中国作物学会藜麦专业委员会会长

任贵兴

前言

藜麦是全谷全营养完全蛋白碱性食物，被誉为“未来的超级谷物”“营养黄金”等，可为青少年、新手妈妈、高血糖人群、运动人士、瘦身人士、老年人等特殊群体快速补充能量和营养。除营养价值突出外，藜麦还具有耐寒、耐旱等特性。以收获籽粒为目的的粮景兼用型藜麦可实现雨养旱作；以收获茎叶为目的的菜用型藜麦较一般高耗水作物具有明显的节水优势。藜麦成熟时花色艳丽，能扩展生态、休闲和观赏服务功能，是解决京郊粮经品种结构和色彩单一问题的一种崭新作物。

藜麦在我国种植推广迅速，至2020年全国藜麦种植面积2万公顷，生产能力仅次于秘鲁和玻利维亚，位居世界第三。不过，由于藜麦喜冷凉气候，主产区多分布在内蒙古、甘肃、河北、青海、云南、山西、新疆等高海拔地区。北京市平均海拔43.5米，最高峰东灵山海拔2 302米，最低点仅约10米，年均降水量600毫米，年积温3 200～4 500℃，夏季高温多湿，容易导致病害的发生，收获时遇到雨季还会导致穗发芽，要把藜麦成功种植在低海拔地区，并非易事。北京市农业技术推广站自2015年引种藜麦，经过失败—调整—失败—再调整—成功的摸爬滚打过程，最终在品种筛选、适宜种植区域筛选、抗逆稳产栽培技术集成、菜品开发、宣传推广等方面积累了宝贵经验，使藜麦扎根北京，并成为促进农民增收的一种新型粮经作物。品种方面，引进61个品种（系），筛选出适宜京郊种植的品种5个，其中3个籽粒型、2个菜用型，品种应用率100%。技术方面，一是明确了藜麦适宜种植区；二是研究提出了籽粒型品种适宜播种期、播种深度、播种植密度等关键技术指标；三是摸清甜菜筒喙象生物学特性及危害规律，鉴明了两种叶斑病及笄霉茎腐病致病菌，明确了防治时间和药剂；四是在国内率先开发出藜麦功能性蔬菜，明确了菜用藜麦栽植技术；五是开发出4类36道藜麦菜品。

本书既有对北京籽粒型藜麦和菜用型藜麦种植技术的归纳总结，也有对藜麦营养及食用方法的介绍，还有对藜麦加工产品的概述，不仅能为北京乃至津冀等气候相近的低海拔地区种植者提供技术指导，也能为消费者提供藜麦营养及食用方法的参考。全书共分10章，内容包括：藜麦的起源和分布、藜麦的植物学特性和生理特性、北京藜麦引种情况、藜麦抗逆稳产栽培技术、藜麦病虫草害防治体系、藜麦轻简栽培、菜用藜麦种植技术、藜麦的营养及功效、藜麦的加工利用、藜麦菜品的开发。

本书由梅丽主笔，其他作者均为参加北京市藜麦栽培和应用研究、示范、推广的技术人员，书中核心内容均为研究团队的试验成果总结和提炼。由于时间仓促，著者水平有限，错误和疏漏之处在所难免，恳请同行和读者批评指正。

著　者

2024年5月

目　录

CHAPTER 1

第一章

藜麦的起源和分布

第一节　藜麦的起源

藜麦原产于安第斯地区，在当地已有约 7 000 年的种植历史。秘鲁和玻利维亚两国交界处、具有丰富水源的提提喀喀湖区是人类进入南美洲后选择的较为适宜的栖息地。为了生存和繁衍，他们利用野生藜麦作为食物，并开始对野生藜麦进行驯化栽培。公元前 5 000～3 000 年，随着印加文明的兴盛与扩展，藜麦也随人类扩散而被传播，逐渐形成从哥伦比亚（北纬 20°）到波多黎各（南纬 47°），从海拔 450 米到海平面的各种生态环境下均有分布与种植的区域，成为安第斯地区的重要粮食作物。

在印加文明兴盛时期，食用藜麦的信使能在 4 000 米以上空气稀薄的山区连续 24 小时接力传递 240 千米。藜麦和油脂裹成的藜麦丸是印加军队的战时粮食，战士们靠它铸就了强盛的印加黄金帝国。当地土著一直保持着以藜麦为主食的习俗，他们喜欢骄傲地赞扬藜麦："我们从不得病，因为我们吃祖先传下来的藜麦"。藜麦不仅为古印加人民提供营养，而且是他们的精神食粮，被称为"粮食之母"，是祭奠太阳神及举行各种大型活动必备的贡品，每年的种植季节都是由在位的帝王用金铲播下第一粒种子。

自 1532 年西班牙殖民者入侵南美洲后，为了从精神上统治印加民族，实行了禁止种植藜麦的制度，对于违反者最重可施行死刑。土豆和大麦等作物占据了主要地位，藜麦退居其后。之后，随着安第斯地区绿色革命的相继失败和干旱对作物危害的加剧，藜麦因受恶劣的自然条件影响较小，又再次恢复为重要的粮食作物，再次被广泛种植。19 世纪 70 年代中期，藜麦特殊的营养特性被发现，并受到越来越多消费者的喜爱。

20 世纪 80 年代，美国国家航空航天局（NASA）在寻找适合人类执行长期性太空任务的封闭生态生命支持系统（CELSS）粮食作物时，神秘的藜麦在安第斯山脉被“重新发现”，NASA 对藜麦做了细致全面的研究，发现其具有极高而且全面的营养价值，在植物和动物王国里几乎无可比拟，蛋白质、矿物质、氨基酸、纤维素、维生素等含量都高于普通食物，与人类生命活动的基本物质需求完美匹配，对长期在太空中飞行的宇航员来说不仅是健康食品，更是安全的食物。NASA 将藜麦列为人类未来移民外太空空间的理想粮食。近 20 年以来，藜麦从一种被忽视、仅当地人食用的粮食作物，转变成为秘鲁和玻利维亚的主要出口粮食。

第二节　藜麦的类型与种植分布

南美洲原产地安第斯山的藜麦主要包括分布于哥伦比亚、厄瓜多尔和秘鲁等地的峡谷型，分布于秘鲁北部和玻利维亚的高山型，分布于玻利维亚的多雨湿润型，分布于玻利维亚安第斯山脉南部高地、智利和阿根廷的盐滩型，以及分布于智利中部和南部的海岸型 5 种生态类型。

随着全球藜麦的主粮化发展，原产地的藜麦已无法满足世界需求，从 1999 年藜麦规模化种植扩展到北美，2015 年发展到欧洲，种植面积达 5 000 公顷，其中，英国、法国、西班牙和波兰等国为主要生产国。2015 年后藜麦的规模化种植扩展到埃塞俄比亚等非洲国家及中国、印度和日本等亚洲国家。目前世界上超过 95 个国家和地区种植藜麦，全球藜麦的总产量可达 20 万吨。

一、南美洲

藜麦食用品种主要种植分布于海拔3 500～4 300米的提提喀喀湖沿线。现代南美藜麦的主要种植区域从哥伦比亚南端向南延伸，经过厄瓜多尔、秘鲁和玻利维亚，扩展到智利高原和阿根廷北部。其中，玻利维亚、秘鲁和厄瓜多尔是安第斯山脉地区乃至世界藜麦的主要生产国，2022年，这3个国家的藜麦种植面积分别为12.4、6.9和0.08万公顷，产量分别为44 701.2、113 376.5和883.5吨，占全球藜麦产量的90%左右。藜麦原产国保存了大量的藜麦种质资源，秘鲁保存了5 351份藜麦材料，玻利维亚保存了大约5 000份藜麦材料，厄瓜多尔保存了大约642份藜麦材料。

二、北美洲

美国和加拿大的部分地区少量种植。藜麦首先在美国科罗拉多州南部引进，然后延伸到其他州，后扩散到加拿大安大略省。种植区主要集中在美国科罗拉多州的圣路易斯山谷和加拿大草原北部。美国农业部国家植物种植体系（NPGS）收集保存了近200份藜麦资源材料。

三、欧洲

丹麦和荷兰是重要的藜麦改良和繁殖地区，哥本哈根大学曾对来自智利南部和秘鲁之间的交叉材料进行繁殖，并选择出日长中性藜麦品种。英国将藜麦单独种植或和油菜间作。法国主要采用传统和有机方式种植藜麦，2010年种植面积约300公顷。

四、亚洲

中国西藏的贡布扎西教授于20世纪90年代在我国西藏试种藜麦，并开展苗期霜冻抗性研究、生物学特性评价、藜麦品质分析及病害防治等研究工作，但由于藜麦在西藏产量不高，且病虫害时有发生，未能大面积推广。藜麦的规模化种植及商业化开发始于

2011 年，山西率先开始了藜麦规模化引种，省内兴起了一批藜麦生产加工企业，如：山西稼棋藜麦开发有限公司、山西忻静藜麦种植推广有限公司、山西华青藜麦产品开发有限公司等。随着山西藜麦种植面积的扩大，其种植范围已逐渐辐射至甘肃、青海、内蒙古、云南、河南、山东、江苏、安徽、贵州、北京等地。2020 年全国藜麦种植面积 2 万公顷，总产量近 2.88 万吨，种植区域分布于我国 20 余个省（自治区、直辖市），种植面积和总产量仅次于秘鲁和玻利维亚，跃居世界第 3 位，其中，种植面积较大的地区包括：内蒙古 0.63 万公顷、甘肃 0.57 万公顷、河北 0.20 万公顷、青海 0.20 万公顷、云南 0.13 万公顷、山西 0.63 万公顷、新疆 0.07 万公顷。

此外，印度、巴基斯坦、越南引种了藜麦，发现其表现出较高的抗性和产量。

五、大洋洲

2010 年开始种植，少量。

CHAPTER 2

第二章

藜麦的植物学特性和生理特性

第一节　藜麦的植物学特性

藜麦（*Chenopodium quinoa* Willd）是苋科（Amaranthaceae）藜亚科（Chenopodioideae）藜属（*Chenopodium*）一年生草本植物。谷物大多是单子叶植物，而藜麦是一种双子叶假谷物。藜麦是一种四倍体植物（$2n=4x=36$），其单倍染色体数目为 $x=9$，有明显的四倍体起源特征，有学者提出藜麦首先通过北美洲的 *C. neomexicanum* 和 *C. incanum* 祖先二倍体 A 基因组物种与旧大陆的 *C. suecicum* 祖先二倍体 B 基因组物种种间融合产生 *C. berlandieri* var. *zschackei*。藜麦是通过人类活动或候鸟迁徙将 *C. berlandieri* var. *zschackei* 传入南美最终驯化形成。

一、根

藜麦根系为直根系（彩图 2－1），非常发达，呈网状分布，有助于其抵抗强风等恶劣环境。种子萌发后，胚根形成主根，然后再长出侧根与不定根。藜麦根系多分布在地表（12.6～15 厘米），有的可延伸至 1.5 米深处。侧根发达是该作物能抗旱的一个主要原因。

二、茎

藜麦靠近土层表面的茎，其横切面呈圆形（彩图 2－2）；从叶片及分枝着生部位起，茎呈多棱形。茎秆高度因品种与环境而异，从0.5～2.5米不等，分枝数目因品种、环境与播种密度而异。茎秆外皮坚韧，茎髓在植株幼小时松软，成熟后呈海绵状。茎秆颜色因品种而异，有橘黄、浅黄、黄、青、淡红、玫红、粉红、红、紫等颜色，有的具有斑纹。

三、叶

藜麦叶片为单叶，互生、无叶托（彩图2-3），有菱形、心形、掌形、披针形等多种形状。叶缘有不整齐锯齿或呈波浪形。嫩叶表面多覆盖有茸毛，有的品种则无短茸毛。叶柄狭长，上部呈沟槽状；主茎上生长的叶柄长于分枝着生叶柄。幼苗叶片一般呈绿色，也有呈黄绿、紫绿、深绿、粉和红等颜色，开花期以绿、紫绿、红、紫红为主，植株成熟时变黄色、紫色或红色。叶缘的锯齿数因品种而异，一般在3～20个不等；同一株上的叶片锯齿数，幼叶多，老叶少；基部叶多，上部叶少。

四、花

藜麦的花序为圆锥花序（彩图2-4）。从主花序轴上，又会分生出二级花序轴。分枝花序轴的数目因品种及环境的不同有很大变化。雌花和两性花共生于同一植株上，其比例因品种而异。雌花、两性花和雄性败育花，这三种花的比例受遗传和环境的影响。盛花期时，花色多样，呈奶油、黄、绿、橙或紫红等颜色，色彩鲜艳，具有观赏价值。

五、果实

藜麦果实为瘦果，由外到内分别为花被、果皮及种皮。果实直径1.8～2.6毫米，形状为圆柱形、圆锥形或椭圆形。果皮颜色有白、黄、橙、粉红、红、紫、灰和黑等色。种皮颜色因品种不同而呈白、半透明、铜、赭、黑赭和黑色。大多数品种果皮中含有皂苷，味微苦，食用前需要通过洗脱或摩擦去除，也有一些品种皂苷含量很低或不含皂苷。

六、种子

藜麦种子形状差异很大（彩图 2－5），有圆锥形、椭圆形、圆柱形、透镜形，大小差异也很大，有小（直径<1.8 毫米）、中（直径 1.8～2.1 毫米）、大（直径 2.2～2.6 毫米）之分。胚乳约占籽粒体积的 60%，种皮和内壁约占籽粒体积的 40%；胚乳比例高，蛋白质含量高。成熟时，种子呈白、乳白、黄、橙、粉红、红、紫、褐、深褐、黑等多种颜色。藜麦种子发芽快，暴露在潮湿环境中数小时即可发芽。

第二节 藜麦的发育阶段

国内对藜麦生育阶段的划分最早见于翟西均等（2016）的报道，将藜麦生育期划分为出苗期、分枝期、麦穗期、开花期、转色期、观赏期和成熟期 7 个阶段（表 2－1）。

表 2－1 藜麦生育期划分（翟西均等，2016）

生育期	标准
出苗期	75%的子叶露出地面 2 厘米的日期
分枝期	以 50%以上植株主茎叶腋开始延伸，顶端离主茎达 5 厘米为标准
麦穗期	以 75%以上花蕾形成穗状花序为标准
开花期	50%的顶穗中上部小穗尖出现雄蕊，花序逐渐开放的日期
转色期	50%以上穗转色的日期
观赏期	从麦穗转色直至成熟的时期
成熟期	叶变黄变红，大多脱落；种子用指甲掐已无水分，用指甲不易划破为标准

2020 年，秦培友等诸多国内学者对藜麦种质资源的描述进行了规范，将藜麦的生育期划分为以下五个阶段：

一、出苗期

播种后，全试验小区 50%以上的子叶露出地面 1 厘米的日期（彩图 2-6）。

二、现蕾期

全试验小区 50%以上的植株具有花序的日期（彩图 2-7）。

三、开花期

全试验小区 50%以上的植株开花的日期（彩图 2-8）。

四、灌浆期

全试验小区 80%以上的植株开花的日期（彩图 2-9）。

五、成熟期

全试验小区 80%以上的主花序的种子蜡熟的日期（彩图 2-10）。

第三节　藜麦的生理特性

藜麦的原产地安第斯山脉地区气候恶劣，干旱、冷害、霜冻等伴随高海拔、土壤贫瘠的生存环境赋予了藜麦抗旱、抗盐碱、耐霜冻等各种抵御非生物胁迫的特性。

一、抗旱性

1980 年，Levitt 将植物抗旱生理机制分为 3 种：避旱、御旱和耐旱。他认为避旱是指在严重干旱来临之前，植物通过一系列调整，如加速发芽、减缓生长速度或者缩短生长时间等来避开干旱的机制。御旱是指在干旱初期，胁迫尚不严重时，植物利用各种途径，如叶片结构的变化、蒸腾作用的减少、发达的根系、根系水势降低等，使其体内维持较高的水势，以保持植物正常状态的机制。

耐旱则是指当植物体内水分代谢不正常时，植物体内演变出的一系列缓解机制，如通过渗透调节物质脱落酸（ABA）、脯氨酸（Pro）和甜菜碱等的增加，来提高酶活性，清除活性氧，加速合成一些蛋白等。

Jensen 等（2000）将藜麦的抗旱机制分为避旱和耐旱。在避旱性方面，Jensen 等认为藜麦通过生长周期的延长来应答早期营养生长阶段的干旱，以及通过提前成熟的方式来逃避生长后期干旱对其造成的不利影响；在耐旱性方面，认为藜麦本身具有发达的根系、弹性组织、自吸水功能的囊泡、坚实的细胞壁以及动态气孔行为等，增强了藜麦的耐旱性。在较强的干旱胁迫条件下，藜麦叶片能够使气孔开度不变小，从而使气体交换不受影响。藜麦叶片表面普遍存在富含草酸钙的泡状腺体，使叶片表面呈现白色，利用草酸钙的吸湿性给泡状腺体营造了一层湿润的界面，在发挥吸湿作用的同时，极大地增加了反射率，减少了蒸腾量。而随后诸多研究者认为，藜麦不仅具有避旱性和耐旱性，还具有御旱性，他们发现藜麦通过改变植株形态来抵御干旱胁迫，如通过老叶的提前脱落来减少叶面积，增加细胞壁的厚度及增强细胞壁弹性，从而抑制水分流失。

在耐旱方面，Gonzalez J A 等（2009）通过研究证明藜麦通过子叶细胞合成脯氨酸、甜菜碱、可溶性糖等有机物质，以及 K^+、Na^+ 等无机离子来维持细胞渗透平衡的方式来抵御干旱胁迫，通过 ABA 生物合成与信号转导调节气孔导度或与其他激素交互作用增强抗旱性。Yang A 等通过研究证明（2016），藜麦叶片可以通过调控 ABA 的生物合成和信号转导进而减小气孔的开度，提高叶片水势。

藜麦现蕾期和花期易受水分胁迫，如果开花前遭遇干旱，藜麦会推迟开花以延缓发育；幼苗期和灌浆期则对水分胁迫有较强的耐受性。

据报道，藜麦能够在年降水量小于 300 毫米的极度干旱地区，如智利半沙漠地区、秘鲁和玻利维亚高原地区正常生长并保持稳定产量。我国干旱、半干旱、半湿润偏干旱面积占国土面积的52.5%，干旱胁迫已成为严重影响我国作物生长和产量的主要制约因素，因此，充分了解藜麦在干旱胁迫条件下的反应机制，发掘藜麦抗旱相关机制和基因，对于培育抗旱品种，提高农作物产量和品质意义重大。在北京地区，以收获籽粒为目的的藜麦除在播种时要求良好的墒情外，四叶期以后可不进行灌溉，实现雨养旱作；以收获茎叶为目的的菜用藜麦较一般高耗水蔬菜具有明显的节水优势，这对于发展旱作、半旱作节水农业有重要意义。

二、抗寒性

藜麦是一种可以一定程度容忍霜冻的作物。藜麦抗冻性的主要机制，与细胞壁耐受冰结形成和抑制细胞脱水的能力有关。在幼苗期，开始出现冻害的气温－3.5～－7.0℃，地温 －5.5℃，致死气温－7～－8℃。

西藏农牧学院的张崇玺曾于1997年对西藏林芝地区抗旱能力最强的品种之一——墨引1号进行苗期霜冻试验，并按表2-2评判霜冻萎蔫级别。结果表明：墨引1号苗期发生霜冻萎蔫的起点温度是－6℃，霜冻死苗的起点温度是－7℃，当地面最低温度≤－7℃时，低温次数增加，霜冻萎蔫级别随之增加，而且温度越低，霜冻萎蔫级别的上升速率随低温出现次数的增加而增加。

表2-2 藜麦霜冻萎蔫级别症状的判别依据（张崇玺，1997）

级别	表现症状
0	植株各部位均正常
1	较正常，叶片不舒展，叶缘稍卷曲
2	轻霜冻，植株上部下垂，叶尖受损，如浆洗般
3	中霜冻，茎秆颜色变浅，叶片3/5受损，植株倾斜
4	重霜冻，茎秆柔软无力，叶片萎缩，植株倒伏
5	濒临死亡，叶片、茎秆均无正常态，植株贴地
6	茎叶干枯，植株死亡

三、耐盐碱性

藜麦是一种盐生作物，对盐碱具有很强的耐受性，pH 值耐受范围为 4.8～9.5。藜麦对盐胁迫最敏感的时期在萌发期和幼苗期，不同品种/系的耐盐性之间存在较大差异。藜麦耐盐性是由多基因调控的数量性状，耐盐机制较为复杂。

在形态学方面，藜麦耐盐的重要原因是叶脉周围密布着很多盐囊。Bohm J 等（2018）研究表明，藜麦盐囊大小相当于表皮细胞的 10 倍，与子叶细胞相比可以隔离约 1 000 倍的 Na^+，还可以积累水分与各种代谢产物，如甜菜碱、苹果酸、黄酮及草酸钙等，同时也将大部分 Na^+、Cl^- 储藏其中。藜麦吸收盐分后将 Na^+ 隔离在盐囊内并有效地提升 K^+ 的保存，这是其抵御干旱和盐胁迫的一个典型策略。

Hariadi Y 等（2011）研究表明，藜麦植株可以耐受高浓度的盐胁迫（电导率为 4 西门子/米）。Fischer S 等（2017）研究表明，当 NaCl 浓度在 100～250 毫摩/升时，大多数基因型藜麦的发芽率不会受到影响，但是浓度在 150～250 毫摩/升时会延迟萌发，而浓度在 200～400 毫摩/升时，藜麦苗期根和子叶中的可溶性糖含量因藜麦基因型的不同增加或减少。戚维聪等（2017）对 123 份藜麦种质资源萌发期 NaCl 胁迫处理试验结果表明，有 3、20、94 份种质能够耐受 350、250、150 毫摩/升的盐胁迫，对于 150 毫摩/升以下的盐浓度，大多数种质（占比 96%）是不敏感的，只有少数种质（占比 58%）能够耐受 250 毫摩/升以上的盐浓度，盐胁迫下藜麦表现为叶片发黄、萎蔫、顶端焦枯等症状。其中 6 份种质资源的完全生育期盐胁迫表现结果表明，100、150 和 250 毫摩/升盐处理下，6 份种质资源的植株地上部平均干重相对于对照（0 毫摩/升）分别下降 4.1%、9.5% 和 13.6%，成熟根系干重分别下降 13.2%、21.6%和 29.1%。张业锰等（2022）试验了 300 毫摩/升 NaCl 胁迫对 125 份藜麦种质资源萌发的影响，结果表明，NaCl 胁迫导致萌发时间显著增长，萌发率、鲜重、胚芽长和胚根长显著降低，大多数种质资源的干重显著增加。高浓度的盐胁迫对藜麦的生长具有显著抑制，不同藜麦种质对盐胁迫的耐受性存在显著差异，其中有 36 份强耐盐性种质，38 份中度耐盐性种质，51 份弱耐盐性种质。

藜麦较强耐盐性主要源于高度的钾保持能力。Hariadi Y 等（2011）研究还表明，藜麦在苗期阶段子叶中具有相对高浓度的 K^+，甚至在生长后期，藜麦在盐胁迫条件下木质部与叶汁液中的 K^+ 浓度也会逐渐增加。藜麦遭受盐胁迫时，会合成、积累一些渗透溶剂来保持细胞的正常代谢功能。大多数植物吸收 K^+ 而排斥 Na^+，保持体内高的 K^+/Na^+ 比值有利于 K^+ 行使 Na^+ 无法替代的功能——保持细胞质有较低渗透势，以抵消液泡渗透势降低，缓解环境盐胁迫下细胞内 K^+ 亏缺而引发的生长抑制。

在光合生理方面，藜麦在盐胁迫下通过 ABA 信号传递使气孔关闭，或通过减少气孔密度来减少水分蒸腾从而保持较高的水分利用效率。Rosa M 等研究表明（2004），在 NaCl 浓度为 400 毫摩/升胁迫条件下，Utusaya 和 Titicaca 两个品种藜麦的 CO_2 同化率分别下降 25%和 67%。Eisa S 等（2012）研究表明，在 NaCl 浓度从 100 毫摩/升增加到 400 毫摩/升时，藜麦品种 Titicaca 光合净同化率降低 48%，种子产量降低 72%。Adolf V I 等（2012）研究表明，在 NaCl 浓度为 250 毫摩/升胁迫下，高原型藜麦 Achachino 光合作用的净同化率降低了 67%。Becker V I 等（2017）研究表明，在 500 毫摩/升 NaCl 浓度水平下，山谷型藜麦 Hualhuas 净光合速率降低了 70%。

参考文献

Adolf V I，Shabala S，Andersen M N，et al. 2012. Varietal differences of quinoa's tolerance to saline conditions [J]. Plant Soil，357 (1)：117-129.

Becker V I，Goessling J W，Duarte B，et al. 2017. Combined effects of soil salinity and high temperature on photosynthesis and growth of quinoa plants

(*Chenopodium quinoa*) [J]. Functional Plant Biology, 44 (7): 665 - 678.

Eisa S, Hussin S, Geissler N, et al. 2012. Effect of NaCl salinity on water relations, photosynthesis and chemical composition of quinoa (*Chenopodium quinoa* Willd.) as a potential cash crop halophyte [J]. Australian Journal of Crop Science, 6 (2): 357 - 368.

Fischer S, Wilckens R, Jara J, et al. 2017. Protein and antioxidant composition of quinoa (*Chenopodium quinoa* Willd.) sprout from seeds submitted to water stress, salinity and light conditions [J]. Industrial Crops And Products, 107 (15): 558 -564.

Fuentes F, Bazile D, Bhargava A, et al, 2012. Implications of farmers' seed exchanges for on - farm conservation of quinoa, as revealed by its genetic diversity in Chile [J]. The Journal of Agricultural Science, 150 (6), 702 - 716.

Gonzalez J A, Gallardo M, Hilal M, et al. 2009. Physiological responses of quinoa (*Chenopodium quinoa* Willd.) to drought and waterlogging stresses: Dry matter partitioning [J]. Botanical Studies, 50 (1): 35 - 42.

Hariadi Y, Marandon K, Tian Y, et al. 2011. Ionic and osmotic relations in quinoa (*Chenopodium quinoa* Willd.) plant grown at various salinity levels [J]. Journal of Experimental Botany, 62 (1): 185 - 193.

Jensen C R, Jacobsen S E, Andersen M N, et al. 2000. Leaf gas exchange and water relation characteristics of field quinoa (*Chenopodium quinoa* Willd.) during soil drying [J]. European Journal of Agronomy, 13 (1): 11 - 25.

Levitt J. 1980. Response of plants to environmental stresses: volume Ⅱ water, radiation, salt, and other stresses [M]. New York: Academic Press, 497 - 607.

Prego I, Maldonado S, Otegui M. 1998. Seed structure and localization of reserves in *Chenopodium quinoa* [J]. Annals of Botany, 82 (4): 481 -488.

Rosa M, Hilal M, Gonzalez J A, et al. 2004. Changes in soluble carbohydrates and related enzymes induced by low temperature during early developmental stages of quinoa (*Chenopodium quinoa*) seedlings [J]. Journal of Plant Physiol, 161 (6): 683 - 689.

Yang A, Akhtar S S, Amjad M, et al. 2016. Growth and physiological responses of quinoa to drought and temperature stress [J]. Journal of Agronomy

and Crop Science，202 (6)：445 - 453.
贡布扎西，旺姆，张崇玺，等 . 1994. 南美藜在西藏的生物学特性研究 [J]. 西北农业学报，3 (4)：81 - 86.
戚维聪，张体付，陈曦，等 . 2017. 藜麦的耐盐性评价及在滨海盐土的试种表现 [J]. 核农学报，31 (1)：0145 - 0155.
秦培友，崔宏亮，周帮伟，等 . 2020. 藜麦种质资源描述规范和数据标准 [M]. 北京：中国农业科学技术出版社 .
时丕彪，耿安红，李亚芳，等 . 2018. 江苏沿海地区 12 个藜麦品种田间综合评价及优良品种的耐渍性分析 [J]. 江苏农业科学，46 (15)：64 - 67.
翟西均 . 2016. 藜麦品种区域试验记载项目与标准 [J]. 中国种业 (5)：25 - 26.
张崇玺，张小武 . 1997. 不同低温强度与次数对南美藜墨引 1 号苗期霜冻级别的影响 [J]. 草业科学，14 (1)：10 - 11.
张业猛，朱丽丽，李万才，等 . 2022. NaCl 胁迫对不同种质藜麦种子萌发特性的影响 [J]. 江西农业大学学报，44 (5)：1083 - 1091.

CHAPTER 3
第三章

北京藜麦引种情况

第一节　适宜种植区域

一、藜麦适应性栽培区的选择

2015年以来，在北京延庆、房山、门头沟、昌平、密云、顺义、大兴、怀柔、海淀9个区25个乡镇种植藜麦453.33公顷。试验示范结果表明，在海拔≥300米、年平均气温≤12.5℃、年均积温≤4 802.0℃、年均光照强度≥2 268.7勒克斯的延庆、门头沟、房山山区，昌平、门头沟浅山区，藜麦均能正常成熟（表3-1）。

表3-1　北京藜麦适应性栽培区的自然条件

区	乡镇	海拔（米）	年均气温（℃）	年均积温（℃）	年均光照强度（勒克斯）	年均降水量（毫米）
延庆	永宁、四海、珍珠泉、香营、刘斌堡、旧县、康庄	478～728	8.9～9.3	3 886.0～3 971.1	2 593.4～2 678.0	420.0～441.0
门头沟	斋堂、雁翅、潭柘寺、清水	252～441	10.2～12.5	4 216.2～4 802.0	2 268.7～2 476.0	450.0～568.0
房山	大安山、史家营	770～954	12.1～12.2	4 750.0～4 792.0	2 430.0～2 471.0	539.0～544.0
昌平	延寿、小汤山、南邵	58～334	11.5～12.6	4 687.3～4 840.0	2 486.5～2 618.2	478.0～507.0

（续）

区	乡镇	海拔（米）	年均气温（℃）	年均积温（℃）	年均光照强度（勒克斯）	年均降水量（毫米）
怀柔	琉璃庙	341	12.0	4 690.6	2 487.1	622.5
密云	东邵渠、溪翁庄、新城子	105～374	11.0～11.4	4 210.0～4 529.0	2 435.8～2 489.0	574.8～628.0
海淀	上庄	58	12.6	4 792.0	2 483.0	505.0
大兴	庞各庄	34	12.5	4 820.0	2 507.0	519.0
顺义	南法信	32	12.4	4 786.0	2 482.0	576.0

注：海拔、年均气温、年均积温、年均光照强度、年均降水量等数据由北京市气候中心提供。

2015—2016 年，主要引种的是山西静乐或五台山藜麦品种/系，适应性栽培区域为海拔较高的延庆永宁、四海和房山大安山（520 米以上）及海拔较低的海淀（海拔 58 米）。这些品种/系在海拔 500 米及以上的区域表现更好，藜麦农艺性状和产量表现均在已有研究报道的范围之内；海淀由于海拔较低，藜麦产量较低，未进行收获（表 3－2）。

表 3－2　藜麦在北京各适应性栽培区的表现

区	乡镇	种植面积（公顷）	品种/系	产量（千克/公顷）	种植表现
延庆	永宁、四海、珍珠泉、香营、刘斌堡、旧县、康庄	377.40	山西华青藜麦、山西汇天华藜麦、陇藜 1 号、陇藜 3 号、黄藜等	1 132.5～2 109.0	良好
门头沟	斋堂、雁翅、潭柘寺、清水	33.73	山西华青藜麦、陇藜 1 号、陇藜 3 号、黄藜等	1 072.5～1 534.5	良好
房山	大安山、史家营	24.73	山西华青藜麦	1 117.5～1 944.0	良好

（续）

区	乡镇	种植面积（公顷）	品种/系	产量（千克/公顷）	种植表现
昌平	延寿、小汤山、南邵	14.54	陇藜1号、陇藜3号、黄藜等	1 654.5～2 214.0	良好
怀柔	琉璃庙	0.33	陇藜1号、陇藜3号	1 119.0	倒伏、有病害
密云	东邵渠、溪翁庄、新城子	1.13	山西华青藜麦	502.5	倒伏、有病害
海淀	上庄	0.07	山西华青藜麦	—	倒伏、有病害
大兴	庞各庄	1.33	山西汇天华藜麦	202.5	倒伏、有病害
顺义	南法信	0.07	陇藜2号、陇藜3号	454.5	倒伏、有病害
合计	—	453.33	—	—	—

注：成熟期3点取样，每点10米^2，3点的平均产量为产量结果。

延庆四海、永宁和房山大安山3个试验点的地理和气候基本情况见表3-3。分别于2015年4月25日、2016年4月28日利用谷子播种机播种，播种量7.5千克/公顷，行距0.55米，播种深度约2厘米。在苗期株高20～30厘米时，结合中耕除草进行一次间苗。9月底，叶片变黄，穗部完全转色，籽粒变硬时，及时收获、晾干并脱粒。

表3-3　3个试验点的地理和气候基本情况

地点	东经	北纬	海拔（米）	年均积温（℃）	年均气温（℃）	年均降水量（毫米）
延庆永宁	116°28′	40°47′	520	3 896	9.0	441
延庆四海	116°38′	40°55′	728	3 886	8.9	420
房山大安山	115°77′	39°88′	829	4 750	12.2	539

2015 年延庆永宁藜麦试种产量为 1 753.33 千克/公顷，单株粒重 30.76 克，千粒重 2.81 克。2016 年房山大安山、延庆四海和永宁藜麦均正常成熟，3 个典型试验点平均产量为 1 864.26 千克/公顷，平均单株粒重 36.48 克/株，平均千粒重 2.77 克。其中，房山大安山产量表现最好，达到 2 228.24 千克/公顷，与延庆永宁比较，产量优势主要表现在单株粒重和千粒重方面（表 3－4）。延庆四海单株粒重较高，实际密度低导致产量偏低，在密度方面仍具有一定增产潜力。种植结果表明，藜麦在北京地区能正常结实形成产量，可以适应当地生态环境。尤其在房山大安山等具有冷凉、昼夜温差大等气候特征的区域表现更好。

表 3－4　3 个试验点藜麦产量表现

年份	地点	密度（万株/公顷）	单株粒重（克）	千粒重（克）	产量（千克/公顷）
2015 年	延庆永宁	5.7	30.76	2.81	1 753.33
2016 年	延庆永宁	5.9	32.41	2.73	1 912.19
	延庆四海	3.9	37.24	2.52	1 452.36
	房山大安山	5.6	39.79	3.06	2 228.24
	平均	5.1	36.48	2.77	1 864.26

二、藜麦在各栽培区的种植表现

2017 年之后，引种品种/系来自甘肃、内蒙古、青海、河北等地，此阶段的种植区域扩大到延庆、门头沟、昌平、怀柔、密云、顺义的部分乡镇。不同品种对不同海拔高度有着不同的生态适应性，部分品种在海拔 300 米左右的浅山区产量表现也很好。

2017 年从甘肃引进品种/系 6 个，从内蒙古引进藜麦品系 10 个，共 15 份藜麦新资源。试种结果表明，陇藜 1 号、陇藜 3 号、黄藜和红藜 4 个品种/系在延庆山区（海拔 478 米以上）和昌平浅山区（海拔 334 米，年平均气温 11.5℃）均能正常成熟，其中，陇藜 1 号和陇藜 3 号在海拔较高的延庆区（彩图 3－1 至彩图 3－3）

表现较好，产量可达到 1 295.0 千克/公顷和 1 094.9 千克/公顷，黄藜和红藜在昌平区结实更饱满，产量平均可达 1 983.15 千克/公顷。

这次的试验也为藜麦示范推广到北京市浅山区奠定了科学基础。在 2018 年之后的试验示范中，黄藜和红藜稳产性、丰产性均优于陇藜 1 号和陇藜 3 号，北京市的藜麦推广种植区域也扩大到昌平延寿（彩图 3 - 4），门头沟斋堂、雁翅、潭柘寺、清水及怀柔琉璃庙等浅山区。

第二节 适宜种植品种

品种选择是农作物种植中的核心环节。正确选择适宜的作物品种，不仅能够提高农作物的产量和品质，还能够减少农业生产中的风险和成本。不同品种的农作物具有不同的生长特性和适应性，选择适宜的品种可以充分发挥农作物的生长潜力，提高产量；不同品种的农作物对病虫害的抵抗力有所差异，选择抗病虫害的农作物品种，可以减少对农药的依赖，降低对环境的污染，并且能够减少病虫害对作物的危害，提高作物的品质和产量；不同品种的农作物还具有不同的适应性和耐受性，根据不同地区的土壤、气候等环境条件选择适宜的农作物品种，可以提高作物对环境的适应性，减少因环境因素造成的损失；同时，根据市场对不同品种农产品的需求量、价格等因素选择适宜的农作物品种进行种植，能够提高农产品的销售价格和市场竞争力。

要把藜麦成功种植在我国低海拔地区，并不是一件容易的事。藜麦不耐高温，30℃以上会引起不育，北京 7～8 月雨热同季会导致叶斑病、笄霉茎腐病发生，收获时遇到雨季还会导致穗发芽。北京藜麦的引种经历了失败—调整—成功的摸爬滚打过程，2015—2018 年，累计引进山西、甘肃、内蒙古、青海、河北等地的藜麦品种/系 60 余份，最终通过比较，筛选出 4 个丰产抗逆型品种，其中 2 个多年多地种植稳产性较好，一直在北京推广应用。

一、第一阶段——引种山西品种

藜麦作为从国外引进的新作物，在2015年北京引进之初，国内大部分地区处于试种阶段，国内尚未形成系统的选育程序。种植材料特异性差，一致性和稳定性均不符合品种DUS标准。从山西华青藜麦产品开发有限公司引进的3个藜麦品系，种植在延庆区永宁镇太平街村。2015年4月底至5月初人工点播，播前造墒整地，底施有机肥7 500千克/公顷。播量7.5千克/公顷，行距50厘米，株距30厘米，留苗密度6万株/公顷左右，播种深度约2厘米。

试验结果表明：3个品系均表现植株一致性差等突出问题，导致不能统一管理、统一收获。但材料呈现出的多样性又为筛选更符合当地生态条件的种植材料提供了选择基础。结合不同地区气候特征，借助直观的植株形态指标和穗部表现，选取了株高适宜、穗型紧凑、穗部颜色好、抗倒伏的藜麦单株21份，分别收获、晾干、脱粒、保存。其中，8份材料表现色彩艳丽（淡红、淡黄、紫红、暗褐、深黄、浅黑、黄白、绿8种穗色）、穗型较大（穗长20～44厘米，穗鲜重46.25～98.41克）、株高中等（159～212厘米）、综合性状较好，有待进一步扩种示范（表3-5）。

表3-5　8份优异单株的性状表现

单株号	株高（厘米）	一级分枝（个）	茎粗（厘米）	一级叶数（片）	茎鲜重（克）	叶鲜重（克）	叶面积（厘米^2）	穗长（厘米）	穗鲜重（克）	穗色
1	188	15	2.10	59	157.57	56.85	273	36	91.89	淡红
2	191	16	2.30	90	150.49	38.89	393	44	76.10	淡黄
3	159	13	2.05	35	121.57	42.61	361	37	79.73	紫红
4	185	16	2.18	45	119.01	41.18	360	29	78.35	暗褐
5	173	14	2.00	75	124.50	47.39	356	36	85.90	深黄

（续）

单株号	株高（厘米）	一级分枝（个）	茎粗（厘米）	一级叶数（片）	茎鲜重（克）	叶鲜重（克）	叶面积（厘米^2）	穗长（厘米）	穗鲜重（克）	穗色
6	212	10	2.20	51	114.35	29.87	285	41	68.51	浅黑
7	197	17	2.05	43	79.95	32.23	376	20	46.25	黄白
8	189	16	2.12	37	123.41	42.17	328	39	98.41	绿

2016 年从山西华青藜麦产品开发有限公司、山西汇天华科技有限公司引进藜麦品系 5 份，从内蒙古引进品系 2 份，在 2015 年藜麦生产群体中分离选择 21 份单材料，共计 28 份特色品系。

继续种植在永宁镇太平街。2016 年 5 月 9 日人工条播，行距 55 厘米，播前造墒整地，底施 N：P：K＝26：10：12 的缓释肥 750 千克/公顷，留苗密度 6.15 万株/公顷。

因 2016 年甜菜茼喙象大暴发，试验结果只筛选出不同粒色的典型材料 5 份（表 3－6）。

表 3－6 筛选的 5 种藜麦材料性状特征

品系	生育期（天）	株高（厘米）	有效分枝数（个）	株型	单株茎秆重（克）	单株粒重（克）	千粒重（克）	成株颜色	籽粒颜色
1	114～120	150～160	20～24	半紧凑	63.2	45.1	3.47	茎秆、叶柄、主叶脉及顶部 3 对展开叶和未展开叶紫色，穗紫红色	粉白
2	120～123	160～170	12～15	紧凑	73.5	48.7	3.50	茎秆、叶柄、主叶脉及顶部 3 对展开叶和未展开叶红色，成熟期穗深红色	黑红

（续）

品系	生育期（天）	株高（厘米）	有效分枝数（个）	株型	单株茎秆重（克）	单株粒重（克）	千粒重（克）	成株颜色	籽粒颜色
3	120～130	140～160	28～30	分散	60.0	41.3	3.56	叶片及茎秆绿色，穗粉黄色	白
4	118～128	170～180	10～12	半紧凑	117.1	55.8	3.73	叶片及茎秆绿色，穗淡红色	白
5	123～130	175～185	13～15	半紧凑	124.2	68.6	4.03	叶片及茎秆绿色，穗橙色	橙黄

注：单株茎秆重为烘干后重量，单株粒重和千粒重折算成含水量14%的值，全书同。

二、第二阶段——引进国内其他地区品种

（一）2017年引种甘肃、内蒙古品种/系15个

2017年，从甘肃引进国内已审定的品种陇藜1号、陇藜2号、陇藜3号、条藜1号及待审定的品种LYLM-5共5份材料，同时，因2016年在中国作物协会藜麦分会的组织下，北京市农业技术推广站相关人员参观了中国农业科学院在内蒙古乌兰察布的200余个展示品种，并从中引进了低皂苷型品系ZK1、ZK2、ZK5、ZK7、SC1，矮秆型、观赏效果较好的品种A4、F1、Z1及观赏期较长的黄藜、红藜共10份材料，于2017年4—10月种植在昌平区延寿镇（116°30′E，40°37′N，海拔334米）、延庆区首农集团延庆农场（115°53′E，40°27′N，海拔478米）和延庆区香营乡（116°49′E，40°60′N，海拔587米）开展品种比较试验（梅丽等，2019）。

1. 品种/系的特征特性（表 3-7 和表 3-8）

表 3-7 引进甘肃 4 个审定品种的特征特性

品种名称	选育年份	选育单位	熟期类型	品种特征特性
陇藜1号	2015	甘肃省农业科学院畜草与绿色农业研究所	生育期 120～140 天，属中晚熟型	株高 181.2～223.6 厘米，主梢和侧枝都结籽，自花授粉。显穗期顶端叶芽呈紫色，成熟期茎秆及穗呈红色，植株扫帚状。千粒重 2.40～3.46 克，观赏期 15～20 天
陇藜2号	2016	甘肃省农业科学院畜草与绿色农业研究所	生育期 150～160 天，属晚熟型	株高 198.0～243.5 厘米，主梢和侧枝都结籽，自花授粉。显穗期顶端叶芽呈绿色，植株扫帚状。千粒重 2.94～3.32 克，观赏期 15～20 天
陇藜3号	2016	甘肃省农业科学院畜草与绿色农业研究所	生育期 90～110 天，属早熟型	株高 90.4～142.7 厘米，主梢和侧枝都结籽，自花授粉。显穗期顶端叶芽呈绿色，成熟期茎秆及穗呈金黄色，植株扫帚状。千粒重 2.26～2.72 克，观赏期 15～20 天
条藜1号	2016	甘肃省条山农林科学研究所	生育期 124～132 天，属中晚熟型	株高 158.0～182.0 厘米，常异花授粉。成熟后穗部转为酒红色，茎秆酒红色，籽粒种皮为黄白色，千粒重 2.9～3.5 克，观赏期 15～20 天

表 3-8 其他 11 个品系在引种地的表现

引种地	品系	类型	株高（米）	穗色	千粒重（克）	生育期（天）	观赏期（天）
内蒙古	黄藜	粮景兼用型	2.50	橘黄	0.72	170	25
内蒙古	红藜	粮景兼用型	2.50	玫红	0.69	170	25
内蒙古	ZK2	低皂苷型	1.75	绿	1.98	170	25
内蒙古	ZK7	低皂苷型	1.65	绿	2.28	160	25

（续）

引种地	品系	类型	株高（米）	穗色	千粒重（克）	生育期（天）	观赏期（天）
内蒙古	ZK1	低皂苷型	1.75	绿	2.16	150	25
内蒙古	ZK5	低皂苷型	2.00	绿	2.35	150	25
内蒙古	SC1	低皂苷型	1.85	绿	2.57	145	25
甘肃	LYLM-5	粮景兼用型	1.80	桃红	2.78	125	15～20
内蒙古	F1	粮景兼用型	1.70	粉红	1.86	120	15
内蒙古	A4	粮景兼用型	1.25	黄	2.78	120	15
内蒙古	Z4	粮景兼用型	1.25	白	2.50	120	15

2. 试验设计

试验点土壤深度 0～20 厘米的基础地力见表 3-9。大区试验，每个品种在每个试验点种植 66.7 米^2，顺序排列，成熟时 3 点取样测产。昌平延寿和延庆香营具备水浇条件，均根据品种/系的生育期不同分 2 次播种。延庆香营于 5 月 11 日进行第 1 次灌溉后播种，于 5 月 23 日进行第 2 次等雨播种，均采用蔬菜覆膜播种机（每穴播种 6～8 粒，播种量 2.25～3.45 千克/公顷）播种。昌平延寿于 4 月 28 日进行第 1 次坐水人工条播，于 6 月 7 日进行第 2 次雨后人工条播（播种量 4.5 千克/公顷）。延庆农场无浇水条件，采用小麦播种机（播种量 3.45～6 千克/公顷）于 5 月 26 日进行一次性雨后条播，定苗密度 7.5 万株/公顷。

3 个试验点均底施生物有机肥 2 250 千克/公顷、缓释肥（N：P_2O_5：K_2O=26：10：12）750 千克/公顷。6 月初采用 4.5%高效氯氰菊酯乳油 1 700 倍液及 200 克/升氯虫苯甲酰胺悬浮剂（225 毫升/公顷兑水 675 千克）轮换喷施，防治甜菜筒喙象。全田除草 2 次，除苗期外未进行灌溉。种子出苗后完整记载各品种/系的生育期和植株性状，成熟时每品种/系随机取样 10 株进行考种，并采取 3 点取样，每个点以 10 米^2 进行测产（表 3-10）。

表 3-9 试验点土壤深度 0～20 厘米的基础地力

地点	有机质（克/千克）	全氮（克/千克）	碱解氮（毫克/千克）	有效磷（毫克/千克）	速效钾（毫克/千克）	pH
昌平延寿	6.9	0.42	67	17.7	72	8.66
延庆农场	12.2	0.72	98	6.6	183	7.09
延庆香营	8.8	0.53	88	6.4	108	6.25

表 3-10 试验点播种情况

地点	播种日期	品种/系	播种方式	行距×株距（厘米×厘米）
昌平延寿	4月28日	ZK2、ZK7、ZK5、ZK1、SC1、陇藜2号、黄藜、红藜	造墒、人工、条播	45×30
	6月7日	陇藜1号、条藜1号、F1、LYLM-5、A4、Z4、陇藜3号	等雨、人工、条播	45×30
延庆农场	5月26日	ZK2、ZK7、ZK5、ZK1、SC1、陇藜2号、黄藜、红藜、陇藜1号、条藜1号、F1、LYLM-5、A4、Z4、陇藜3号	等雨、机械、条播	50×27
延庆香营	5月11日	ZK2、ZK7、ZK5、ZK1、SC1、陇藜2号、黄藜、红藜	造墒、机械、穴播	53×25
	5月23日	陇藜1号、条藜1号、F1、LYLM-5、A4、Z4、陇藜3号	等雨、机械、穴播	53×25

3. 各品种/系的产量表现

ZK1、ZK2、ZK5、ZK7、SC1、陇藜2号6个品种/系在北京3个试验点均只结穗不灌浆，原因可能与藜麦花期对高温敏感有关。由于5月30日的急雨及冰雹造成了土壤板结，至6月8日延庆农场出苗率只有20%左右，该农场将种植F1、条藜1号、陇藜3号、A4、Z4的地段毁种了向日葵。最终，昌平延寿和延庆香营各保留了9份品种/系，延庆农场保留了4份品种/系。

从出苗情况来看，昌平延寿和延庆农场条播，播种量大，出苗较好，特别是延庆农场剩余藜麦品种/系，至6月15日出全苗，出苗量平均为154 005株/公顷，这也说明藜麦种子小，顶土能力差，但生命力顽强，当土壤墒情适宜时还可陆续出苗。从留苗密度来看，昌平延寿地块每公顷留苗38 325～85 665株，以黄藜和红藜密度最大，Z4和F1出苗不好导致密度过小；延庆农场则最终未按要求密度间定苗，每公顷留苗为25 020～43 020株；延庆香营采用蔬菜覆膜播种机进行精量播种，出苗不齐，每公顷16 005～68 025株，以黄藜、红藜和陇藜3号出苗较好。

综合3个试验点产量表现（表3－11），昌平延寿以黄藜产量最高，为2 390.26千克/公顷，其次为红藜，产量2 039.56千克/公顷；延庆香营以陇藜1号产量最高，为1 295.23千克/公顷，其次为黄藜，产量1 220.61千克/公顷，再次为红藜，产量1 161.01千克/公顷，产量排名第4位的是陇藜3号，产量1 095.02千克/公顷；而延庆农场旱地等雨播种较晚，出苗时间又较长，加之藜麦后期感染叶斑病导致早衰，各品种/系产量表现较差，为470.85～654.55千克/公顷。

从产量较高的黄藜、红藜、陇藜1号、陇藜3号在3个试验点的产量构成因素来看，黄藜、红藜在昌平延寿的密度及单株粒重、千粒重均较高，导致最终产量表现好；延庆农场较延庆香营稀植、透光，但黄藜、红藜单株粒重、千粒重均以延庆香营较好，这可能由于延庆农场播种较晚，后期温度低导致灌浆不饱满。陇藜1号在昌平延寿的密度最高，在延庆香营的密度最低，但单株粒重及千粒重以延庆香营表现最好，导致最终产量以延庆香营最高，这与昌平延寿地力较差有很大关系，也可能说明该品种更适宜在高海拔种植。陇藜3号在延庆香营的单株粒重及千粒重低于昌平延寿，但密度高于昌平延寿，导致最终产量以延庆香营表现较好。

F1 和 A4 在昌平延寿表现较好，千粒重分别为 2.15 克和 2.38 克，产量分别为 1 083.16 千克/公顷和 1 040.76 千克/公顷，但在延庆香营倒伏（折）严重，后期灌浆不饱满，千粒重及产量表现较差。

表 3-11 试验点藜麦产量表现

地点	品种/系	密度（株/公顷）	籽粒颜色	单株粒重（克）	千粒重（克）	产量（千克/公顷）
昌平延寿	黄藜	81 675	红	34.43	1.04	2 390.26aA
	红藜	85 665	红	28.01	1.10	2 039.56bB
	F1	38 325	白	33.25	2.15	1 083.16cC
	A4	66 690	白	18.36	2.38	1 040.76cCD
	陇藜 3 号	45 285	黄	25.94	2.89	998.49cdCD
	陇藜 1 号	77 445	白	13.03	2.27	857.74deD
	Z4	38 730	白	23.78	2.29	782.85efDE
	LULM-5	67 995	白	10.62	2.46	613.79fgEF
	条藜 1 号	67 860	白	9.13	3.22	526.63gF
延庆农场	黄藜	43 020	红	17.90	0.73	654.55aA
	陇藜 1 号	41 025	白	18.29	1.57	637.80aA
	红藜	25 020	红	28.30	0.85	601.86aA
	LULM-5	34 005	白	16.29	1.34	470.85bB
延庆香营	陇藜 1 号	36 015	白	42.31	2.42	1 295.23aA
	黄藜	68 025	红	21.11	0.8	1 220.61abAB
	红藜	56 025	红	24.38	0.87	1 161.01bcB
	陇藜 3 号	62 025	黄	20.77	2.17	1 095.02cBC
	A4	30 015	白	26.06	1.59	664.86dC
	F1	26 010	白	22.33	1.44	493.68eD
	条藜 1 号	20 010	白	28.99	2.82	493.08eD
	Z4	16 005	白	18.97	2.21	258.07fE
	LULM-5	20 105	白	15.00	2.54	256.34fE

注：同列小写和大写字母表示 3 个地点产量分别在 0.05 和 0.01 水平的差异显著。

4. 各品种/系的植株性状及抗性表现

因地力差异，同一品种种植在延庆农场和延庆香营均要比种植在昌平延寿表现植株粗壮、冠幅大。藜麦的农艺性状因品种而异，黄藜和红藜株高较高，分别为216.23～291.61厘米和223.60～284.42厘米；主穗较长，分别为45.20～62.60厘米和43.80～58.42厘米；这2个品系的麦穗下垂，而其他品种/系的穗子均为直立向上生长。穗长属数量性状，因环境变化差异较大，陇藜1号在延庆农场和延庆香营结大穗，LYLM-5在延庆农场主穗长大于50厘米，而A4、陇藜3号、条藜1号、陇藜1号在延庆香营主穗长大于40厘米。藜麦侧枝较多，其中结籽的侧枝称为有效分枝。9份材料的有效分枝数6.6～18.6个，其中，延庆农场的黄藜和红藜有效分枝较多，大于17个（表3-12）。

表3-12 试验点藜麦植株性状及抗性表现

地点	品种/系	株高（厘米）	茎粗（厘米）	冠幅（厘米）	分枝数（个）	有效分枝数（个）	有效分枝部位（厘米）	主穗长（厘米）	主穗直径（厘米）	倒伏率（%）	倒折率（%）
昌平延寿	陇藜1号	153.61	1.41	40.71	24.1	8.3	73.10	32.51	11.81	40	10
	陇藜3号	92.81	0.97	33.10	17.7	10.6	22.50	26.13	10.75	30	10
	LYLM-5	117.62	0.86	23.32	20.0	8.8	51.20	24.15	8.95	50	15
	条藜1号	111.61	1.06	27.40	18.4	14.4	33.10	26.40	10.20	25	10
	F1	100.01	0.79	27.81	18.0	11.6	40.21	22.44	11.44	50	10
	A4	107.21	1.06	29.03	13.2	9.4	27.60	25.40	11.60	50	10
	Z4	131.81	1.14	30.01	19.4	15.6	37.61	31.20	11.40	20	5
	黄藜	291.61	1.58	42.30	24.0	13.6	175.62	45.20	9.01	5	0
	红藜	284.42	2.10	42.60	26.4	14.2	163.83	43.80	11.90	0	0
延庆农场	陇藜1号	196.41	3.64	91.01	19.6	13.0	60.21	67.40	16.41	40	10
	LYLM-5	174.62	2.75	82.02	15.0	11.4	50.60	51.80	16.62	70	10
	黄藜	216.23	2.29	43.61	23.0	17.2	79.22	62.60	8.20	0	0
	红藜	223.84	2.46	66.02	23.0	17.8	69.60	46.40	11.00	0	0

（续）

地点	品种/系	株高（厘米）	茎粗（厘米）	冠幅（厘米）	分枝数（个）	有效分枝数（个）	有效分枝部位（厘米）	主穗长（厘米）	主穗直径（厘米）	倒伏率（%）	倒折率（%）
延庆香营	陇藜1号	172.02	2.10	45.01	34.8	18.6	37.60	40.01	16.81	40	15
	陇藜3号	127.01	1.15	52.41	23.8	15.2	60.62	48.03	19.62	50	20
	LYLM-5	133.22	1.71	73.60	26.6	18.4	17.81	37.40	16.61	50	10
	条藜1号	170.81	1.78	57.61	26.8	15.2	43.12	47.04	20.42	80	30
	F1	91.61	1.10	50.02	20.4	16.0	15.60	36.20	16.83	80	30
	A4	159.61	1.68	38.61	34.8	17.6	59.12	49.06	20.21	80	30
	Z4	122.02	1.19	45.60	29.8	12.4	67.10	34.51	14.52	80	30
	黄藜	219.81	2.64	51.81	9.4	6.6	132.20	45.81	8.23	0	0
	红藜	223.60	2.76	51.82	12.0	9.2	168.81	58.42	11.41	0	0

从不同地块来看，同一品种在延庆的倒伏/折情况均严重于昌平。从不同品种来看，黄藜和红藜植株较高，但抗倒伏能力最强，3个试验点倒伏/折率为0；陇藜3号为矮秆型，株高92.81～127.01厘米，但受8月22日持续强降雨的影响，发生倒伏，倒伏率30%～50%、倒折率10%～20%；陇藜1号株高153.61～196.41厘米，倒伏率为40%，倒折率10%～15%。从病虫害发生情况来看，黄藜和红藜高抗叶斑病，全程只需在6月初防治甜菜茼喙象，后期可绿色生产；其他品种/系后期容易感染叶斑病，除防治甜菜茼喙象外，还应在7月底至8月初防治叶斑病。

5. 各品种/系的生育进程

从3个试验点出苗时间来看，昌平延寿采用坐水播种或等雨播后滴灌，各品种/系出苗较早，播种至出苗4～7天；延庆农场受5月30日的急雨及冰雹影响，播种至出苗经历了17天；而延庆香营播后大风，土壤水分挥发较快，播种至出苗经历了12～16天。出苗后42～83天为各品种/系营养生长阶段，其中，黄藜和红藜从出苗至麦穗期历时较长，为72～83天，其他品种/系历时42～52天。各品种生殖生长时间为43～77天，黄藜和红藜生殖生长时间较长，为 57～77 天，其他品种/系历时 43～63 天。黄藜和红藜在内蒙古乌兰察布生育期 170 天，引种到北京后，生育进程缩短，但仍表现为晚熟品种，生育期 140～149 天；而在甘肃省生育期 128～140 天表现中熟特性的陇藜 1 号引种到北京表现早熟特性，生育期 89～108 天。陇藜 3 号在甘肃省生育期 110 天，在北京地区生育期 90～100 天，其他从甘肃引进的品种/系也表现早熟品种特性（表 3-13）。

表 3-13　试验点藜麦生育进程比较

地块	品种/系	播种期（月/日）	出苗期（月/日）	麦穗期（月/日）	成熟期（月/日）	观赏期（天）	生育期（天）
昌平延寿	陇藜 1 号	6/7	6/11（4）	7/26（45）	9/8（44）	15	89
	陇藜 3 号	6/7	6/14（7）	7/30（46）	9/12（44）	15	90
	LYLM-5	6/7	6/11（4）	7/28（47）	9/9（43）	15	90
	条藜 1 号	6/7	6/14（7）	7/28（44）	9/22（56）	15	100
	F1	6/7	6/11（4）	7/24（43）	9/22（60）	20	103
	A4	6/7	6/12（5）	7/31（49）	10/1（62）	26	111
	Z4	6/7	6/11（4）	7/30（49）	10/1（63）	25	112
	黄藜	4/28	5/3（5）	7/25（83）	9/20（57）	26	140
	红藜	4/28	5/3（5）	7/25（83）	9/21（58）	26	141
延庆农场	陇藜 1 号	5/26	6/12（17）	7/24（42）	9/14（52）	17	94
	LYLM-5	5/26	6/12（17）	7/28（46）	9/15（49）	16	95
	黄藜	5/26	6/12（17）	8/23（72）	10/30（68）	43	140
	红藜	5/26	6/12（17）	8/23（72）	10/30（68）	43	140
延庆香营	陇藜 1 号	5/23	6/8（16）	7/27（49）	9/24（59）	16	108
	陇藜 3 号	5/23	6/8（16）	7/24（46）	9/16（54）	16	100
	LYLM-5	5/23	6/8（16）	7/24（46）	9/22（60）	16	106
	条藜 1 号	5/23	6/8（16）	7/27（49）	9/23（58）	15	107
	F1	5/23	6/8（16）	7/28（50）	9/19（53）	15	103
	A4	5/23	6/8（16）	7/27（49）	9/19（54）	15	103
	Z4	5/23	6/8（16）	7/30（52）	9/19（51）	15	103
	黄藜	5/11	5/23（12）	8/3（72）	10/19（77）	45	149
	红藜	5/11	5/23（12）	8/3（72）	10/19（77）	45	149

注：括号内数字为该生育时期与上一生育时期的间隔时间。

6. 各品种/系的景观效果

产量表现较好的黄藜、红藜、陇藜 1 号和陇藜 3 号景观效果佳。其中，黄藜、红藜景观效果尤为突出，观赏期长达 26～45 天，麦穗下垂，分别呈玫红色、橘黄色，花色艳丽；陇藜 1 号和陇藜 3 号景观效果次之，麦穗直立，穗色分别呈红色、黄色，但观赏期较短，仅 15～17 天，(彩图 3-5 至彩图 3-8)。

7. 综合比较的结论

藜麦种质的表型受地域和环境影响较大，表现为高度多样性。试验结果表明，黄藜、红藜、陇藜 1 号和陇藜 3 号 4 个品种/系表现相对优异。其中，黄藜、红藜在昌平延寿产量较高，为 2 390.26 千克/公顷和 2 039.56 千克/公顷，在昌平、延庆两地生育期为 140～149 天，高秆、主穗较长、千粒重 1 克左右，高抗叶斑病、抗倒伏，麦穗下垂，呈玫红色、橘黄色，观赏期长达 26～45 天，非常适合作为粮景兼用型作物。由于黄藜、红藜千粒重较小，为高效开发，提高附加值，可以作为加工的优势品种，进行藜麦粉或营养元素的提取等优势资源开发。陇藜 1 号和陇藜 3 号在延庆香营产量表现较高，为 1 295.23 千克/公顷和 1 095.02 千克/公顷，陇藜 1 号为中秆型，陇藜 3 号为矮秆型，在昌平、延庆两地生育期分别为 89～108 天和 90～100 天，麦穗直立，呈红色、黄色，观赏期 15～17 天，正常成熟时千粒重 2 克以上，适合作为粮食作物。

在这次引种的 15 份资源中，有 6 份不能在北京正常成熟结实，其余 9 份资源的生育期 89～149 天，分早熟、晚熟两种类型。其中，晚熟型黄藜、红藜以 4 月底播种成熟度好（昌平），千粒重为 1.04～1.1 克，较引种地千粒重增加 0.32～0.41 克；5 月下旬播种（延庆农场），10 月下旬遭遇霜冻，灌浆不饱满，千粒重仅为 0.73～0.85 克。陇藜 1 号、陇藜 3 号等早熟型品种可于 5 月下旬至 6 月上旬播种，至 10 月左右正常成熟。

黄藜和红藜植株高大，但抗倒伏能力强，3 个试验点倒伏/折率为 0，高抗叶斑病，为北京种植首选的藜麦品系。陇藜 3 号倒伏率 30%～50%、倒折率 10%～20%，陇藜 1 号倒伏率 40%，倒折率10%～15%，可进一步试验示范。而F1和A4虽在昌平延寿灌浆饱满，产量表现较好，但由于倒伏严重（倒伏率50%～80%、倒折率10%～30%），不推荐种植。

（二）2018年引种内蒙古、河北、青海品种/系8个

从内蒙古引进6个藜麦品系：F3、Z4、B3、W1、A4、Z1；从张家口引进1个藜麦品系，即张藜；从青海引进2个藜麦品种，即青藜1号、青藜2号；自留品种陇藜1号、陇藜3号、陇藜4号及2017年北京本地种植中挑筛的优秀单株材料1、材料2、材料3、材料4、材料5共计17份品种/系。将这些材料种植在延庆区永宁镇南山健源生态园（土壤深度0～20厘米基础地力为：碱解氮94.20毫克/千克、全氮1.098克/千克、有效磷65.80毫克/千克、速效钾160.00毫克/千克、有机质17.898克/千克），每个品种/系种植72米^2（12米×6米）。

结果表明，自选材料5、材料3（彩图3-9）在高温多雨、气候异常的气候条件下，抗病性突出，产量表现较好，分别达到2 341.4和2 681.3千克/公顷，而其他品种由于受夏季高温高湿天气影响，笄霉茎腐病的感染率均达到90%以上，产量受到严重影响（表3-14）。

表3-14　17份品种/系的产量性状表现

品种/系	密度（株/公顷）	穗色	籽粒直径（厘米）	籽粒颜色	单株粒重（克）	千粒重（克）	产量（千克/亩）
W1	1 704	紫	0.18	黑紫	27.97	2.51	607.7
F3	686	粉红	0.16	白	51.8	2.12	453.0
Z4	843	白	0.16	白	47.6	1.91	511.7
B3	889	白	0.16	白	16.3	1.53	184.8
A4	765	黄	0.15	白	24.15	2.01	235.5
Z1	835	黄	0.16	白	36.8	1.90	391.8
青藜1号	489	黄	0.18	黄	21.37	1.81	133.2
青藜2号	534	玫红	0.18	白	22.73	2.50	154.8

（续）

品种/系	密度（株/公顷）	穗色	籽粒直径（厘米）	籽粒颜色	单株粒重（克）	千粒重（克）	产量（千克/亩）
陇藜1号	2 145	玫红	0.18	白	37.71	1.82	1 031.3
陇藜3号	1 903	黄	0.16	黄	28.32	1.60	687.2
陇藜4号	2 001	黄	0.16	白	10.64	1.61	271.5
张藜	543	黄	0.17	白	32.79	2.31	227.0
材料1	1 899	黄	0.16	白	19.5	1.52	472.2
材料2	2 023	黄	0.15	白	19.46	1.51	501.9
材料3	2 668	玫红	0.15	白	78.82	1.62	2 681.3
材料4	1 704	黄	0.15	白	17.45	1.71	379.1
材料5	1 982	玫红	0.18	黄	92.65	1.91	2 341.4

2017—2019年对黄藜和红藜的优秀单株（彩图3-10）材料经系选品比及区域试验，最终鉴定并正式命名为红藜1号和红藜2号。

三、第三阶段——大面积示范

在2019年之后的大面积示范中，红藜1号和红藜2号抗逆稳产性突出，而材料3和材料5遇7～8月雨热同季容易发生倒伏或叶斑病相对严重，因此，红藜1号和红藜2号一直在近年大面积示范中较其他品种/系应用广泛。

中国藜麦育种主要采用引种、系统选育、人工诱变和参与式育种等方法进行。尽管在杂交和突变体筛选方面开展了一些工作，但仍存在技术方面的瓶颈，例如人工去雄效率低等问题。目前大部分藜麦资源在高海拔（2 000米以上）地区产量表现优异，引种至低海拔地区会出现“水土不服”的状况，适宜品种屈指可数。

红藜1号和红藜2号虽然抗逆稳产性突出，但近年来无科技项目支持，不能持续供应良种，此外，在生产中也出现植株株型不整齐及品种退化的问题。据朱绍琳等（1964）对陆地棉退化的研究认为品种退化的机理是："变异是退化的前提"，"有了变异、才有可能发生退化"，"变异大的性状，也较容易退化"。新品种推广后，在遗传组成上，是建立了新的遗传平衡，并保持稳定。当在不利的环境条件下，或管理不当的情况下，由于突变、迁移和遗传漂移等因素，使新品种的基因型频率和基因频率发生变化。遗传平衡受到破坏，在自然选择作用下，使种性改变，趋向变劣，失去品种典型性，表现退化。品种退化的原因分两个方面：一是机械混杂。即在种子收获、清选、晾晒、储藏、包装或运输各环节中，由于工作上的操作不严，使一品种内混进其他品种或其他作物的种子，造成机械混杂。机械混杂如不及时清除，会导致生物学混杂。二是生物学混杂。主要是由于在良种繁育过程中隔离不严格而发生的不同亚种、变种、品种或类型之间的天然杂交。

目前北京市缺乏藜麦种子生产经营机构。由于不能对品种进行认定，市场上很难买到藜麦种子。北京市农业科技项目于 2021 年前可为农户免费提供本地区繁育的种子，但近年无法持续稳定供应。部分农户存在自繁留种现象，导致藜麦品种一致性差、产量不稳定。

针对目前的情况，第一，应建立藜麦品种质量标准。藜麦作为一种近年发展起来的作物，既不在五大主要农作物行列，也未列入 29 种非主要农作物品种，目前北京市仍采取不审定、不登记的管理方式，但这并不表示藜麦种子可以以假充真、以次充好。应建立藜麦品种质量标准，并约束藜麦种子经营部门与种子生产者签订合同，保证藜麦种子质量。第二，应继续在现有红藜 1 号和红藜 2 号群体中寻找综合性状表现较好的变异株。第三，应寻找搭配品种，丰富低海拔地区品种类型。据 2023 年 12 月 11 日《科技日报》第 6 版报道：目前，山东师范大学逆境植物省级重点实验室马长乐团队突破了藜麦高原种植的局限性，通过从 3 000 余份藜麦种质资源中筛选出了 50 多种适合低海拔种植且耐盐碱的藜麦资源，实现了藜麦山东平原地区的规模化试种，这些品种的生育期缩短至 100 天，部分品种产量高达 3 750～4 500 千克/公顷。如果能引进种植，并实现高产，将突破现有品种产量不足 3 000 千克/公顷的局限。

另外，良种良法搭配才能实现高产稳产。在近年示范种植中，一些种植区为山坡沙石地，基础地力较差且管理较粗放，导致藜麦产量水平一般或偏低。藜麦显穗期对水肥需求较大，如能及时补充水肥，则能获得更高的产量水平。农作物的生长发育需要有良好的温度、光、水、气等生态环境，满足了这个环境，它们有了适宜的生存空间，各自的潜能就可得到施展，缺乏任何一个生态因子，农作物的营养器官或者生殖器官的某个部位都会受到抑制，产量和效益都会受到削弱。近年，延庆区香营乡上垙村在藜麦生长后期追施尿素，产量可实现 200 千克以上。因此，我们必须根据不同农作物的生育特性，给予它们优越的发展平台，一要为它们创造良好的生态、生产条件；二要依据不同作物的产量目标，制定不同的栽培管理生产程序，提供优良的种植模式和配套的栽培技术；三要在农作物的不同发育阶段，及时发布苗情、虫情、病情预测预报，通过良种与良法相互配套，充分发挥藜麦的高产潜力。

第三节 产业分布

藜麦的生物遗传多样性，不同的品种会表现出不同的颜色，有红色、褐色、黑色、黄色和白色等各种穗色，是非常理想的园林观赏植物。部分品种观赏期长达 40 天左右，在秋季大部分作物呈现绿色的时节，能够产生强有力的视觉冲击力，营造其他作物无法媲美的农业景观。筛选观赏价值高的藜麦品种，既可以种植在道路两侧公路绿化带，形成独特的城市绿化中的农作物景观，也可以种植在藜麦特色农业园中，促进休闲旅游农业发展。

近年，北京市打造了门头沟区清水镇下清水村（彩图 3 - 11）、门头沟区清水镇小龙门村、延庆区香营乡上垙村（彩图 3 - 12）、昌平区延寿镇分水岭村（彩图 3 - 13）等藜麦专业村，在门头沟清水花谷、潭柘寺等景观点增添了新的景观作物，通过种植与休闲旅游的结合，部分示范点获得了 9 万～30 万元/公顷的经济效益。

参考文献

梅丽，郭自军，王立臣，等．2019. 15份藜麦资源在北京地区的生态适应性评价［J］. 中国农业大学学报，24（9）：27－36.

梅丽．2022. 北京藜麦适应性栽培研究进展及展望［J］. 作物杂志（6）：14－22.

朱绍琳，黄骏麒．1964. 陆地棉变异与“退化”研究［J］. 作物学报（1）：51－67.

CHAPTER 4

第四章

藜麦抗逆稳产栽培技术

2015年北京市从山西省忻州市静乐县引种集优质高营养、抗旱、抗寒、耐盐碱、花序彩色可观赏等多功能于一体的新作物——藜麦，并在品种筛选、适宜种植区域筛选、抗逆稳产栽培技术集成、菜品开发、宣传推广等方面开展了大量工作。2015—2020年，藜麦在京郊示范种植453.33公顷，实现平均产量1.86吨/公顷、效益4.19万元/公顷，成为扎根北京、促农民增收的一种新型粮经作物。

第一节　播种期

藜麦播种时间早，会遭遇冻害；播种时间晚，会遭遇高温或雨季，造成产量低或穗发芽；不同区域，不同气候，不同温度，藜麦种植及收获时间差别很大，摸索最佳播种及收获时间也是一项严峻的挑战。播种期与各品种的成熟期息息相关。

一、以山西藜麦为试验材料，初步明确了山区的适宜播种期

试验于2015年4月下旬至5月上中旬在延庆区永宁镇太平庄村（40°47′N，116°28′E）进行，试验材料为山西华青藜麦1号，共设置SD1（4月21日）、SD2（4月28日）、SD3（5月5日）、SD4（5月12日）4个播种期。播前造墒整地，底施有机肥7 500千克/公顷。各播种期处理小区面积100米^2。人工点

播，行距 50 厘米，株距 30 厘米，留苗 6 万株/公顷左右。试验结果表明：

(一) 山西华青藜麦在山区生育期 120 天左右

不同播种期下，山西华青藜麦 1 号的生育期在 117～128 天，与引进区 110～120 天的生育期相差不大，表明在该地区种植对藜麦生长发育进程没有显著影响。随着播种期的延迟，气温、地温的升高，藜麦生育期逐渐缩短（表 4-1）。

表 4-1　延庆永宁不同播种期下藜麦的生育进程

单位：天

处理	播种期（月/日）	出苗期（月/日）	分枝期（月/日）	显穗期（月/日）	开花期（月/日）	成熟期（月/日）	生育期（天）
SD1	4/21	5/5	5/29	6/21	7/15	8/26	128
SD2	4/28	5/12	6/4	6/23	7/19	8/3	125
SD3	5/5	5/18	6/12	7/5	7/24	9/2	120
SD4	5/12	5/24	6/21	7/12	7/3	9/6	117

(二) 不同播种期藜麦生长形态指标存在差异

不同播种期藜麦株高在显穗期显著增高，表明该时期为藜麦快速生长期。显穗期后，株高仍然有所增加，但增加幅度不大，在开花期基本维持稳定。生长前期不同播种期藜麦株高呈现差异性，随播种期推迟，株高呈下降趋势；生长后期，不同播种期间藜麦株高无明显差异。茎粗与株高变化趋势基本一致，均表现为先增加，后于开花期前基本稳定不变。分枝数在灌浆期开始基本维持不变，表明藜麦在生长前期，很快就完成分枝过程，后期生长过程中不再产生新的分枝（表 4-2）。总体来看，生长后期不同播种期生长形态指标差异变小，表明播种期对藜麦生长形态指标的影响主要发生在生长前期。

表 4-2 不同播种期藜麦生长指标

项目		6月3日	6月23日	7月15日	7月30日	8月3日
株高（厘米）	SD1	35.5±5.4a	129.3±9.5a	182.1±16.3a	190.9±24.8a	196.4±23.6a
	SD2	32.9±4.6ab	95.4±1.1b	170.5±7.7a	178.1±14.4a	188±19.2a
	SD3	31.2±2.9b	59.6±5.5c	150.9±10.4b	172.2±7.7a	185.1±9.8a
	SD4	—	45.4±3.6d	150.9±7.7b	180.1±11.4a	197.5±12.6a
茎粗（毫米）	SD1	9.1±1.9a	19.6±4.1a	19.9±1.8ab	22.1±3.9a	23.2±3.6ab
	SD2	8.2±1.3ab	17.1±1.2ab	20.4±2ab	21.7±2.7a	22.9±3.9ab
	SD3	10.1±1.3ab	15.7±1.9b	23.5±3.4a	23.5±3.4a	24.8±3.7a
	SD4	—	10.8±1.6c	18.4±2.3b	19.8±1.9a	19.8±1.9b
分枝数（个）	SD1	14±2a	25±3a	27±5a	27±5a	27±5a
	SD2	13±2a	18±2b	20±1b	20±1b	20±1b
	SD3	12±1a	19±3b	21±5b	21±5b	21±5b
	SD4	—	17±2b	20±2b	20±2b	20±2b

注：表中不同小写字母表示差异显著（$P<0.05$），余同。

（三）不同播种期对藜麦干物质积累及其在器官间分配的影响

干物质积累是其经济产量形成的重要基础。藜麦在生长过程中伴随干物质的不断积累及其在各器官间的分配，最终形成产量。藜麦产量分析，可以借鉴小麦产量分析方法，经济产量=生物产量×收获指数。考察不同生长阶段干物质积累量及其在各器官间分配规律，对挖掘藜麦产量潜力具有理论指导意义。试验结果表明：不同播种期对藜麦干物质积累存在明显影响。不同生长阶段，干物质积累总量随着播种期推迟依次减少。干物质在各器官间的分配也存在差异。生长前期表现为茎>叶>穗；生长后期表现为茎>穗>叶。

各器官干物质积累量变化趋势也有所不同：播种期较早藜麦植株茎的干物质积累表现为先增加后降低的变化趋势，可能与其后期营养生长停止，茎秆贮藏物质向生殖器官转运有关；播种期较晚藜麦植株茎的干物质积累则一直表现为增加趋势，可能与播种期较晚，生长后期营养生长尚未停止有关。不同播种期藜麦植株叶片干物质积累量，均表现为前期增加，后期由于成熟期叶片衰老脱落而降低的趋势。穗器官作为藜麦的重要产量器官，开花期后物质积累不断增加，穗部物质积累量的多少与籽粒产量的高低直接相关（表 4－3）。通过不同农艺措施提高干物质在穗器官的分配比例是提高藜麦产量的必要途径。综上所述：不同播种期对藜麦生物量及其在各器官间分配比例存在影响。究竟什么样的物质积累和分配规律更利于藜麦高产，以及如何通过不同农艺栽培措施去调节物质分配模式，有待进一步深入研究。

表 4－3　不同播种期藜麦干物质积累及其在器官间分配规律

单位：克

调查日期	茎				叶				穗			
	SD1	SD2	SD3	SD4	SD1	SD2	SD3	SD4	SD1	SD2	SD3	SD4
6月23日	24.0	25.2	8.0	2.5	19.4	19.2	12.3	5.2	0.2	0.2	—	—
7月15日	84.0	69.6	41.1	24.2	61.9	40.4	33.3	28.3	19.9	19.1	6.3	3.3
7月3日	143.6	129.8	48.8	37.4	70.3	50.8	37.0	33.9	53.5	43.6	15.7	13.8
8月3日	113.6	87.0	73.6	57.8	21.1	11.6	11.9	8.7	77.8	58.0	40.3	35.7

（四）不同播种期藜麦产量及其产量构成因素存在差异

成熟期田间调查密度，除 SD4 由于播种墒情偏低，密度偏低外，其他播种期密度基本维持在 6 万株/公顷左右。总体来看，SD1、SD2 藜麦在单株粒重、千粒重和产量方面较高，SD3 藜麦产量次之，SD4 藜麦产量最低，随播种期推迟藜麦产量呈下降趋势（表 4－4）。SD2 藜麦产量偏高可能与播种时墒情较好有关。

结论：综合不同播种期藜麦生长指标、干物质积累和产量表现。初步推断，延庆永宁及气候与之相近地区藜麦适宜播种期在 4 月底，为保证出苗和前期生长，应该在适宜播种期内趁墒播种。

表 4-4 不同播种期藜麦产量表现（延庆永宁）

处理	密度（万株/公顷）	单株粒重（克）	千粒重（克）	产量（千克/公顷）
SD1	6.1a	31.98a	2.61ab	1 950.78
SD2	6.1a	33.20a	2.70a	2 025.20
SD3	5.6a	30.38ab	2.42b	1 701.28
SD4	4.9b	27.96bc	2.29c	1 370.04

二、为减轻虫害，适当调整山区的适宜播种期

试验材料为山西汇天华藜麦品系 1，依然种植在延庆区永宁镇太平庄村（40°47′N，116°28′E），设置 SD1（5 月 9 日）、SD2（5 月 19 日）、SD3（5 月 29 日）和 SD4（6 月 8 日）4 个播种期。2016 年人工条播，行距 55 厘米，留苗密度 6.15 万株/公顷。播前造墒整地，底施 N∶P∶K=26∶10∶12 的缓释肥 750 千克/公顷。

试验结果表明：山西汇天华藜麦品系 1 在延庆的生育期为 114～126 天，接近 2015 年引种的山西华青藜麦（生育期为 117～128 天）。

所测试的藜麦品系在不同播种期下均能完成生活史，早播生育期延长，晚播生育期缩短（表 4-5）。

表 4-5 不同播种期下藜麦的生育进程

处理	播种期（月/日）	出苗期（月/日）	分枝期（月/日）	显穗期（月/日）	开花期（月/日）	成熟期（月/日）	生育期（天）
SD1	5/9	5/19	6/10	7/1	7/30	9/12	126
SD2	5/19	6/1	6/22	7/12	8/6	9/20	122
SD3	5/29	6/8	6/30	7/18	8/10	9/27	120
SD4	6/8	6/23	7/10	7/30	8/23	9/30	114

由于 2016 年未出现后期阴雨穗发芽现象，千粒重以 SD1 最高，随播种期推迟，粒重呈下降趋势，但产量以 SD2 最高。由于

2016年虫灾严重，田间景观效果不及2015年，考虑到为避免后期雨害和躲避前期虫害，适宜播种期以5月下旬为好（表4-6）。

表4-6　不同播种期下藜麦的产量性状

处理	留苗密度（万株/公顷）	单株粒重（克）	千粒重（克）	产量（千克/公顷）
第一播期（SD1）	4.3	21.2	3.0	911.6b
第二播期（SD2）	4.3	25.1	2.5	1 079.3a
第三播期（SD3）	4.8	18.3	2.4	878.4b
第四播期（SD4）	4.8	15.2	2.4	729.6c

注：表中不同小写字母（$P<0.05$）表示差异显著。

三、在浅山区系统开展播种期比较试验

（一）中晚熟品种陇藜1号在浅山区的适宜播种期

试验于2017年3—10月在北京市昌平区延寿镇分水岭村（116°30′E，40°37′N、海拔334米、年平均气温11.5℃、年平均积温4 687.3℃、生育期内总降水量568.9毫米、降雨集中在6—8月）进行。沙壤土，肥力中等偏下，土壤深度0～20厘米的基础地力为：有机质6.9克/千克、碱解氮67毫克/千克、有效磷17.7毫克/千克、速效钾72毫克/千克、全氮0.42克/千克、pH 8.66。

设置SD1（3月30日）、SD2（4月14日）、SD3（4月29日）、SD4（5月14日）、SD5（5月29日）、SD6（6月13日）、SD7（6月28日）、SD8（7月13日）8个播种期。每个播种期种植36米²（8米×4.5米），设置3个重复。播种深度2厘米，行距45厘米、株距27厘米。

SD1墒情较好，但温度低、风大，覆黑膜穴播，8个播种期的处理采取坐水或等雨条播。整地时底施根利多掺混肥料（总养分≥42%、$N:P_2O_5:K_2O=22:10:10$）750千克/公顷、根利多生物有机肥（有机质≥90%、有效活菌数≥0.2亿/克）150千克/公顷，穗期追施圣诞树全水溶性肥料（6-8-34-TE）75千克/公顷。6

月初采用4.5%高效氯氰菊酯乳油1 700倍液及200克/升氯虫苯甲酰胺（225毫升/公顷兑水675千克）轮换喷施，防治甜菜筒喙象，其他同一般大田管理。种子出苗后完整记载各播种期生育期和植株性状，采收时每小区随机取样10株进行考种，小区中间2行进行测产。

本次试验参照了翟西均等（2016年）记载标准。穗干重和粒干重分别为相应穗和籽粒置于烘箱105℃杀青30分钟后85℃烘干至恒重的重量。

1. 不同播种期下陇藜1号的生育进程

从表4-7可见，从3月底至7月上中旬播种，陇藜1号在北京浅山区均可成熟。随着播种期的推迟、温度的升高，藜麦播种至出苗的天数从9天缩短至3天；生育期由131天缩短至94天；同时，观赏期也从23天缩短至13天。整个生育进程中，藜麦生长需要时间较长的2个阶段分别为出苗至分枝期以及开花至转色期，分别需要26～38天和27～46天，而分枝到麦穗期藜麦生长较快，仅需3～19天。不同生育期藜麦长势见彩图4-1。

表4-7 不同播种期下陇藜1号生育进程比较

处理	播种期（月/日）	播种方式	出苗期（月/日）	分枝期（月/日）	麦穗期（月/日）	开花期（月/日）	转色期（月/日）	成熟期（月/日）	观赏期长度（天）	生育期（天）
SD1	3/30	覆膜穴播	4/8（9）	5/13（35）	6/1（19）	6/14（13）	7/25（41）	8/17（23）	23	131
SD2	4/14	坐水条播	4/21（7）	5/26（35）	6/5（10）	6/19（14）	8/4（46）	8/24（20）	20	125
SD3	4/29	坐水条播	5/2（4）	6/4（33）	6/14（10）	6/28（14）	8/4（37）	8/26（22）	22	116
SD4	5/14	坐水条播	5/18（4）	6/17（30）	6/26（9）	7/9（13）	8/15（37）	8/31（16）	16	105
SD5	5/28	等雨条播	6/1（4）	7/9（38）	7/12（3）	7/25（13）	8/26（32）	9/13（18）	18	104

（续）

处理	播种期（月/日）	播种方式	出苗期（月/日）	分枝期（月/日）	麦穗期（月/日）	开花期（月/日）	转色期（月/日）	成熟期（月/日）	观赏期长度（天）	生育期（天）
SD6	6/13	等雨条播	6/18 (5)	7/21 (33)	7/29 (8)	8/10 (12)	9/6 (27)	9/24 (18)	18	98
SD7	6/27	等雨条播	7/1 (4)	7/31 (30)	8/3 (3)	8/17 (14)	9/20 (34)	10/3 (13)	13	94
SD8	7/12	坐水条播	7/15 (3)	8/10 (26)	8/20 (10)	8/27 (14)	10/6 (40)	10/20 (14)	14	97

注：括号内数字为该生育时期与上一生育时期的间隔时间。

2. 不同播种期下陇藜1号的植株性状表现

随着播种期推迟，藜麦株高由170.50厘米下降至119.30厘米，茎粗由2.10厘米缩减到1.24厘米，但各播种期的植株冠幅间未见明显变化，表明伴随播种期推迟、温度升高，藜麦植株逐渐矮化。随播种期推迟，藜麦分枝数由28.3个下降至18.8个，但结穗的有效分枝数没有明显变化趋势，其中，以SD2、SD3、SD5、SD6处理的有效分枝数较高。随播种期推迟，藜麦主穗长有先升后降的趋势，其中，以SD3的主穗最长；主穗宽呈下降趋势，由14.5厘米降至7.5厘米。其中，SD7的藜麦遇到花期高温，笄霉茎腐病严重，主穗烂掉，没有主穗（表4-8）。综合比较来看，以SD2的藜麦植株生物量大、分枝较多、主穗较长。

表4-8 不同播种期下陇藜1号植株性状比较

处理	株高（厘米）	茎粗（厘米）	冠幅（厘米）	分枝数（个）	有效分枝（个）	第一有效分枝部位（厘米）	主穗长（厘米）	主穗宽（厘米）
SD1	170.50	2.10	34.56	28.30	10.90	80.20	29.67	14.10
SD2	208.50	2.60	38.00	24.00	16.00	69.00	33.00	14.50
SD3	169.33	1.83	33.67	26.00	15.67	67.67	33.70	13.00

（续）

处理	株高（厘米）	茎粗（厘米）	冠幅（厘米）	分枝数（个）	有效分枝（个）	第一有效分枝部位（厘米）	主穗长（厘米）	主穗宽（厘米）
SD4	163.10	1.41	33.67	27.40	11.70	80.00	25.90	13.25
SD5	153.60	1.41	40.70	24.10	8.30	73.10	32.50	11.80
SD6	154.20	1.34	30.20	22.80	14.70	52.50	32.30	11.40
SD7	141.60	1.38	39.60	21.60	7.40	61.30	—	—
SD8	119.30	1.24	35.60	18.80	11.60	29.40	18.50	7.50

3. 不同播种期下陇藜1号的抗性表现

（1）抗虫性。甜菜筒喙象在藜麦上的危害方式主要有两种：一是以成虫在主茎和分枝上钻穴产卵，形成椭圆形或菱形小型黑褐色斑纹，进而随组织增生膨大成结，结疤干枯沿边缘裂开，使病菌趁机而入，诱发病害发生，致使叶片凋萎、果穗腐烂夭折；二是以幼虫在主茎和分枝的内部输导组织中蛀食危害，造成隧道并导致输导组织变褐、坏死。

本次试验中，笔者观察到，在6月初一代甜菜筒喙象产卵盛期时，处理SD1的藜麦茎粗已达1厘米左右、纤维化，可有效避免该虫的钻蛀产卵，无需药剂防治；而其余7个处理的藜麦在茎秆较嫩（茎粗1～3毫米）时，甜菜筒喙象容易将卵产于植株上，须及时进行药剂防治1～2遍。

（2）抗倒伏性。刘瑞芳等（2016）在河南安阳引种藜麦时发现，藜麦倒伏是一个常见的问题，尤其在有自然灾害的年份更明显。本次试验过程中发生了2次严重的倒伏，均由降水量大、伴随雨后大风这样的自然灾害造成。其中，一次发生在7月6日降水量63毫米和7月7日20：30左右的9级风（风速21.8米/秒），SD1和SD2的藜麦分别进入蜡熟期和麦穗期，受灾严重，倒伏率分别为100%和75%。另一次发生在8月9日降水量31.3毫米及9级风，SD3和SD4分别处于转色期和转色至成熟期，麦穗重，受灾严重，倒伏率分别为100%和70%。

（3）抗病性。笄霉茎腐病是发生在植株顶端及茎秆部位的一种病害，能够引起植株顶梢枯死，茎秆被侵染后，随着病斑扩展可引起植株倒伏和萎蔫，最终导致植株枯死（彩图 4－2）。SD7 和 SD8 的藜麦遇到花期高温，笄霉茎腐病发生严重，植株上的主穗大部分都腐烂掉，靠侧枝生穗结籽。7 月下旬高温多湿，前 6 个播种期藜麦植株较高大，环境郁闭，下部叶片有轻度叶斑病发生（表 4－9）。

表 4－9　不同播种期下陇藜 1 号抗性比较

处理	甜菜筒喙象		笄霉茎腐病		叶斑病		倒伏	
	发生情况	发生时期	发生情况	发生时期	发生情况	发生时期	发生情况	发生时期
SD1	无	—	无	—	轻	7 月下旬	重	7 月上旬
SD2	有	6 月上旬	无	—	轻	7 月下旬	重	7 月上旬
SD3	有	6 月上旬	无	—	轻	7 月下旬	重	8 月上旬
SD4	有	6 月上旬	无	—	轻	7 月下旬	重	8 月上旬
SD5	有	6 月中旬	无	—	轻	7 月下旬	轻	8 月上旬
SD6	有	6 月下旬	轻	8 月下旬	轻	7 月下旬	无	—
SD7	有	7 月上旬	轻	8 月下旬	无	—	无	—
SD8	有	7 月下旬	轻	8 月下旬	无	—	无	—

4. 不同播种期下陇藜 1 号的景观效果

SD5 至 SD7 处理的藜麦景观效果好，麦穗和茎秆都能转红色（彩图 4－3），而 SD1 至 SD4 处理的藜麦景观效果稍逊色，只有麦穗变红，成熟期茎秆转枯黄色。

5. 不同播种期下陇藜 1 号的产量表现

随播种期的延迟，藜麦的千粒重、籽粒直径均表现从 SD1 至 SD8 先升高又降低的抛物线趋势，产量、穗干重、粒干重均表现从 SD2 至 SD8 先升高又降低的抛物线趋势（图 4－1），这主要是因为前期早播的藜麦受降雨影响，植株倒伏、灌浆不饱满、籽粒发霉；

而晚播藜麦笄霉茎腐病发生严重。以SD5籽粒最饱满，千粒重3.14克，产量表现最好，折合产量1 781.25千克/公顷，与其他处理产量存在极显著差异（表4-10），其次为SD4和SD3，折合产量分别为1 217.25千克/公顷和1 112.70千克/公顷，以SD8产量表现最差，仅为546.75千克/公顷。

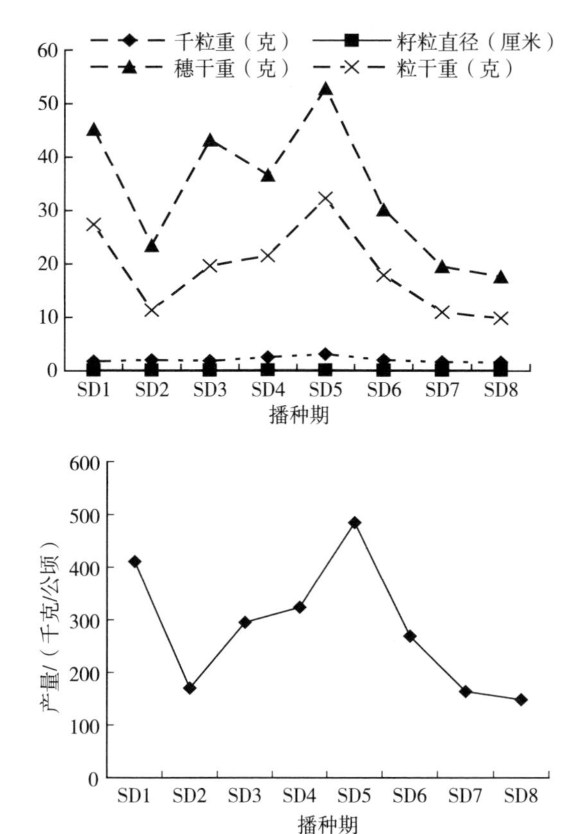

图4-1 陇藜1号产量构成因素变化趋势

6. 综合比较的结论

综合抗性、景观性及产量表现，筛选出陇藜1号在北京海拔334米的浅山区的适宜播种时期为5月下旬，可进一步示范应用。

处理 SD5 的陇藜 1 号可于 9 月中旬成熟，全生育期 104 天，株高 153.60 厘米，茎粗 1.41 毫米，有效分枝数 8.30 个，主穗长 32.50 厘米，千粒重 3.14 克，产量 1 781.25 千克/公顷，转色后观赏期为 18 天。生育期有甜菜筒喙象钻蛀产卵，但可于 6 月初药剂防治，无笄霉茎腐病发生，叶斑病、倒伏情况较轻。全田景观效果好，成熟时麦穗和茎秆都能转变成红色。

表 4-10　不同播种期下陇藜 1 号产量比较

处理	株数（株/公顷）	千粒重（克）	籽粒直径（厘米）	穗干重（克）	粒干重（克）	产量（千克/公顷）
SD1	36 180	1.78	0.18	45.23	27.4	842.70eE
SD2	66 180	2.06	0.18	23.48	11.35	638.55fF
SD3	66 540	1.92	0.18	43.27	19.67	1 112.70cC
SD4	66 420	2.58	0.19	36.62	21.56	1 217.25bB
SD5	64 845	3.14	0.19	52.88	32.32	1 781.25aA
SD6	65 955	2.05	0.17	30.21	17.95	1 006.05dD
SD7	63 585	1.69	0.17	19.58	10.96	592.35g FG
SD8	65 040	1.66	0.16	17.66	9.89	546.75g G

注：同列小写（$P<0.05$）和大写字母（$P<0.01$）分别表示差异显著，全书同。

获得作物高产的必要条件之一是选择适宜播种期。从适应性来看，北京浅山区适宜种植藜麦，播种期范围广泛，3 月底至 7 月中旬播种均可成熟。从不同播种期的生育进程来看，随着播种期的推迟，生育期由 131 天缩短至 94 天，这与任永峰等（2018）研究结果一致，即作物各生育时期持续时间随着播种期的推迟呈缩短趋势，其中，温度变异是主要原因。本试验结果表明，藜麦生长最快的阶段为分枝至麦穗期，仅需 3～19 天，这与 2015 年在延庆的播种期试验研究结果一致，即显穗期为藜麦快速生长期，植株在此期显著升高，显穗后，株高仍然有所增加，但增加幅度不大，在开花期基本稳定。从不同播种期的植株长势来看，随着播种期的延迟，藜麦呈植株逐渐矮化、分枝数减少的趋势，但以 SD2 的藜麦植株干物质量大、分枝较多、穗子较长。庞春花等（2017）报道，藜麦产量构成因素为分枝数、小穗数、单穗重及侧枝成穗率。本试验中不同播种期的产量因素比较结果表明，随着生育日程的延迟，藜麦的千粒重、籽粒直径、穗干重、粒干重及产量呈现抛物线趋势，以 SD5 的千粒重最高，为 3.14 克，产量表现最好，为 1 781.25 千克/公顷。从抗性来看，北京 7—8 月雨热同季，陇藜 1 号在 7 月 7 日和 8 月 9 日遭受大雨大风自然灾害，SD1 至 SD4 处理的藜麦进入灌浆中后期，麦穗重，倒伏发生严重。而 SD7、SD8 处理的藜麦苗期不抗高温，笄霉茎腐病严重，主穗发霉，产量受到严重影响。

Bertero H D（2003）研究表明，藜麦对光周期、温度等环境因子较敏感，Jacobsen S E（2005）研究也表明藜麦生长和开花的适宜温度为 8～28℃。本试验中发现，SD1 土壤解冻后，利用返浆水进行覆地膜早播，9 天出苗，生育期 131 天，可有效避免 6 月初甜菜筒喙象危害。今后，可进一步试验早熟型品种，如陇藜 3 号（在甘肃省生育期 110 天左右）等品种。

本研究筛选出的适宜播种期——5 月下旬，适用于与陇藜 1 号生育期相当的早熟型品种，适宜地区可扩展到昌平、门头沟、密云、怀柔、平谷等海拔 300 米左右，年平均气温、年平均积温与本试验点相近的区域。

四、在山区、浅山区推算不同熟期品种的适宜播种期

北京市近年筛选的适宜品种包括在北京地区生育期 90～110 天的早中熟型品种陇藜 1 号，生育期 90～100 天的早熟型品种陇藜 3 号以及生育期 140～149 天的晚熟型品种红藜 1 号和红藜 2 号。

2017 年，我们根据引种品种在引种地大致需要的积温和播种前一年北京市气象局提供的旬积温数据，大致推算了 9 月底收获的情况下，不同熟期类型品种的适宜播种期。同时，2017 年在延庆

农场、延庆香营、昌平分水岭三地开展的15个品种的比较试验，也依据2015和2016年在延庆开展的播种期试验进行了推算，延庆香营设置早中熟品种5月11日播种和晚熟品种5月23日播种；昌平延寿设置了中熟品种4月28日播种和晚熟品种6月7日播种；延庆农场没有水浇条件，因雨后板结土壤中的种子16天后发芽，因此按播种期5月25日计算（实际播种期为5月9日）。实践证明，晚熟品种红藜1号和红藜2号因晚播晚出，成熟度不好，产量只有601.8～654.6千克/公顷；而昌平延寿晚播的早中熟型品种因穗期不抗高温，容易感染笄霉茎腐病，产量表现为526.63～1 083.16千克/公顷（其中，同一地点品种比较试验6月7日播种的小区内陇藜1号产量为857.74千克/公顷），也不如同一地点播种期试验5月28日播种的小区内陇藜1号产量表现高（1 781.25千克/公顷）。

2018年初，对2017年各品种生育期内的各旬积温（数据由北京市气候中心提供）进行统计，并分析总结各品种在不同播种期的表现，得出了以下结论：

1. 陇藜1号　需要≥0℃积温2 700℃以上，5月中下旬在山区播种，丰产性、抗倒伏/折性、景观效果最好，9月中下旬可成熟。5月中旬前播种，藜麦灌浆期遇8月多雨大风天气，倒伏严重。6月中旬后播种，孕穗期遇高温，笄霉茎腐病严重，大部分主穗腐烂掉，只能靠侧枝结籽，产量极低。

2. 陇藜3号　需要≥0℃积温2 500℃以上，适宜播种期长，5月中下旬至6上旬均可在山区播种，以6月上旬播种丰产性、抗倒伏性、景观效果最好。

3. 红藜1号和红藜2号　需要≥0℃积温3 300℃以上，因此，诸如延庆区刘斌堡乡、四海镇、珍珠泉乡等年均气温8.9～9.0℃的东部山区播种期不宜晚于4月25日，延庆其他区域播种期不宜晚于5月5日，而昌平区延寿镇、门头沟区清水镇、门头沟区斋堂镇等年均气温10.2～12.5℃、海拔≥300米的区域播种期最晚可推迟至5月20日，均可在10月上旬成熟。

第二节 地块选择

一、前茬作物

（一）藜麦不宜连作，需轮作倒茬

连作是指同一种作物或与其亲缘关系相近的作物长期种植在同一块土地上的种植模式。由于受耕地资源、种植业结构等因素的限制，藜麦栽培中常采用连作方式进行种植。然而，多年连作的藜麦土壤会出现病虫害增加、毒害物质积累、微生物群落的丰富程度降低等问题，不利于藜麦生长和产量提升。

1. 藜麦重茬种植导致致病菌数量的增多

Bais H P 等（2006）研究表明，藜麦重茬种植会导致根际土壤的细菌种群数量和多样性都有不同程度的降低，同时也导致致病菌数量的增多，使根际土壤细菌种群朝着不利于植物生长的方向发展。

2. 连作影响藜麦生长及产量

杨科等（2021）以陇藜 1 号为试验材料，进行不连作与连作 3 年的田间比较试验，结果表明：连作使得植物叶绿素含量降低，严重影响藜麦光合作用和保护酶系统，从而使植株生产库源关系失调引起藜麦生长与产量的抑制，降低地上部分生物量。同时，藜麦通过促进根系生长等形态变化增强抗逆性，增加可溶性糖、可溶性蛋白和脯氨酸等渗透调节物质含量以及提高 APX 活性增强抗氧化酶活性来达到清除活性氧危害的目的，以适应连作对藜麦生长的影响。

（1）连作对藜麦生长的影响。藜麦第 2 年重茬种植就会出现出苗率低、植株生长缓慢、病虫害加重、产量急剧下降等现象，连作 3 年会使藜麦株高、单株鲜物质重量、单株干物质重量在显穗期与灌浆期比不连作分别降低 16.6%、2.2%、7.6%与 7.5%、6.0%、16.4%（表 4－11）。

表 4-11 连作对藜麦植株生长的影响（杨科等，2021）

生长指标	处理	生育时期			
		苗期	显穗期	盛花期	灌浆期
株高（厘米）	C0	10.00±2.29	62.33±13.20	71.00±7.00	79.67±3.06
	C3	10.03±1.82	52.00±1.00	61.00±4.58	73.67±4.51
根长（厘米）	C0	5.43±1.21	6.33±3.06	10.33±2.08	15.67±2.08
	C3	5.10±1.64	10.67±4.73	11.67±1.53	17.67±4.16
单株鲜物质重量（克）	C0	9.78±2.37	306.67±65.06	438.00±23.52	616.33±24.79
	C3	8.16±0.81	300.00±117.90	417.33±18.77	579.33±29.26
单株干物质重量（克）	C0	1.16±0.44	36.35±7.06	58.81±24.16	82.00±30.76
	C3	1.07±0.36	33.60±1.51	48.92±11.74	68.55±19.40

注：藜麦没有连作的地块以 C0 表示，连作 3 年的地块以 C3 表示，下同。

（2）对藜麦产量构成因素的影响。连作降低了藜麦的分枝数、单株主穗长度和千粒重等影响产量的因素，C3 处理比 C0 处理的分枝数、有效分枝率、主穗长度和单株穗重分别下降 22.2%、7.4%、18.5%和 28.1%；C3 处理比 C0 处理藜麦籽粒千粒重降低 13.9%，单株产量降低 37.9%，单位面积产量降低 34.78%（表 4-12）。

表 4-12 连作对藜麦产量构成因素的影响（杨科等，2021）

处理	分枝数（个）	有效分枝率（%）	主穗长度（厘米）	单株穗重（克）	千粒重（克）	单株产量（克）	单位面积产量（千克/米^2）
C0	18.0	85.1	45.3	230.5	3.23	180.5	2.3
C3	14.0	78.8	36.9	165.8	2.78	112.1	1.5

（3）对叶绿素含量的影响。整个生育期中 C3 处理叶绿素平均含量比 C0 降低 21.5%，显著低于 C0 处理（$P<0.05$），C3 在苗期、显穗期、盛花期和灌浆期分别比 C0 叶绿素下降了 25.0%、53.6%、5.1%和 62.5%，灌浆期差异显著，表明连作影响藜麦生长期叶片的光合作用，不利于藜麦干物质的积累与产量的形成。

（4）对叶片可溶性糖、可溶性蛋白、脯氨酸含量的影响。C3 在苗期、显穗期、盛花期和灌浆期分别比 C0 可溶性糖含量增加 42.4%、

27%、50.3%、150.1%，可溶性蛋白含量增加 18.3%、10.1%、12.9%和 16.6%，脯氨酸含量上升 15.9%、74%、51%和 35.4%。

（5）藜麦连作对其叶片丙二醛（MDA）含量和超氧阴离子产生速率的影响。C3 处理下藜麦叶片 MDA 含量显著高于 C0 处理，在苗期、显穗期、盛花期和灌浆期分别升高了 124.2%、103.6%、49.3%和 19.2%；C3 处理下藜麦叶片超氧阴离子产生速率显著高于 C0 处理，在苗期、显穗期、盛花期和灌浆期分别升高了 20.2%、10.8%、40.6%和 12.9%。

（6）对藜麦叶片超氧化物歧化酶（SOD）、过氧化物酶（POD）、过氧化物氢化酶（CAT）和抗坏血酸过氧化物酶（APX）活性的影响。在苗期、显穗期、盛花期和灌浆期，C3 处理下藜麦叶片的 SOD 活性较 C0 分别降低了 61%、28.4%、72.8%和 28.6%，POD 活性分别降低了 35.6%、67.5%、73.8%和 94.1%，CAT 活性分别降低了 40.5%、83.5%、73.2%和 69.1%，APX 活性分别上升了 22.3%、121.1%、250%和 246.7%。

3. 不同前茬作物对藜麦的影响不同

陈翠萍等（2022）以青海省农林科学院收集的玫红穗藜麦为试验材料，在青海省农林科学院试验基地（海拔 2 309 米、年平均气温在 6℃、年平均降水量 380 毫米）开展不同前茬作物对藜麦生长及产量的影响试验。对照处理为连作试验地（T0），其他处理的前茬作物分别为马铃薯茬（T1）、大麦茬（T2）、燕麦茬（T3）、胡麻茬（T4）、小麦茬（T5）、油菜茬（T6）、玉米茬（T7）、豌豆茬（T8）和蚕豆茬（T9）。结果表明：

（1）不同前茬作物对藜麦生长期农艺性状的影响（表 4－13）。与藜麦轮作相比，不同前茬作物对藜麦的穗长、穗宽均无显著差异；但株高、茎粗、有效分枝数、第一有效分枝高度、花序长度、有效穗数和千粒重稍有差异。如豌豆茬（T8）处理的株高显著矮于藜麦连作（T0），小麦茬处理的有效分枝数显著多于藜麦连作，藜麦连作处理的第一有效分枝高度显著高于马铃薯茬（T1）、玉米茬（T7）和豌豆茬（T8），藜麦连作处理的有效穗数显著少于小麦茬（T5）。

表 4-13 不同前茬处理下的藜麦成熟期农艺性状（陈翠萍等，2022）

前茬	株高（厘米）	茎粗（毫米）	有效分枝数（个）	第一有效分枝高度（厘米）	花序长度（厘米）	有效穗数（个）	穗长（厘米）	穗宽（厘米）	千粒重（克）
T0	173.0±2.8ab	14.44±0.27ab	4.5±2.1bc	105.0±1.4ab	29.0±2.8abc	5.5±2.1bc	44.5±2.1a	9.0±1.4a	2.85±0.18ab
T1	146.8±8.3bc	13.39±1.30ab	7.0±0.8abc	70.3±5.8cd	29.3±3.1abc	8.0±0.8abc	42.0±3.5a	9.5±2.4a	2.76±0.12ab
T2	148.0±30.0bc	12.71±2.97ab	4.0±1.0c	93.0±16.5abc	28.7±0.6abc	5.0±1.0c	35.7±5.0a	7.7±1.2a	2.60±0.27ab
T3	163.1±19.3abc	14.83±1.83a	5.2±2.2abc	99.1±16.0abc	31.1±3.2abc	6.2±2.2abc	37.8±7.1a	9.5±2.9a	2.45±1.01ab
T4	150.0±7.1abc	13.44±1.50ab	6.0±1.4abc	119.0±26.9a	27.0±0.0bc	7.0±1.4abc	36.0±5.7a	8.0±1.4a	2.35±0.03b
T5	172.2±23.4ab	15.54±2.65a	8.0±2.2a	86.8±14.0bcd	30.4±4.0abc	9.0±2.2a	44.4±6.1a	9.8±1.1a	2.89±0.39a
T6	170.8±5.3a	16.07±0.83a	6.2±1.6abc	119.0±12.7a	29.1±2.1abc	7.2±1.6abc	39.7±3.3a	8.7±1.8a	2.90±0.29a
T7	155.0±2.8abc	13.33±0.95ab	7.5±2.1ab	62.5±31.8d	34.5±4.9a	8.5±2.1ab	44.0±2.8a	7.5±0.7a	2.69±0.00ab
T8	135.8±14.1c	11.20±1.34b	4.1±0.9c	71.6±20.5cd	25.0±4.9c	4.9±0.6c	42.3±8.3a	8.9±1.5a	2.80±0.25ab
T9	153.0±4.2abc	12.81±0.03ab	5.5±0.7abc	90.0±8.5abcd	31.5±4.9ab	6.5±0.7abc	42.5±3.5a	8.5±0.7a	2.73±0.08ab

（2）不同前茬作物对藜麦产量的影响。从产量结果来看，油菜茬（T6）、小麦茬（T5）和马铃薯茬（T1）的单株产量和小区产量均高于藜麦连作（T0）处理，适合作为藜麦的前茬作物（表4-14）。

表4-14　不同前茬作物产量对比（陈翠萍等，2022）

前茬	单株产量（克）	小区产量（克）
T0	21.43±4.22a	871±458bc
T1	21.52±9.62abc	942±583bc
T2	10.55±5.62abc	673±174c
T3	16.08±2.23abc	963±132abc
T4	8.81±2.20bc	353±133abc
T5	31.93±20.84abc	1524±794a
T6	23.51±5.96abc	2 256±635abc
T7	20.87±0.47a	2091±110ab
T8	13.83±0.77c	373±78c
T9	22.23±8.61ab	478±236abc

（二）应选择前茬没有打过除草剂的地块

藜麦田杂草发生普遍，种类众多，尤其是禾本科杂草，如果不及时清除，杂草会与藜麦争水、争肥、争光，藜麦在生长过程中与杂草相比往往处于劣势，导致藜麦植株生长瘦弱、矮小、容易倒伏，造成藜麦减产。虽然使用化学除草剂是防除藜麦田杂草的有效手段，但目前还没有在藜麦上登记使用的除草剂。

1. 除草剂对藜麦生长的影响

除草剂对藜麦出苗及产量影响较大，应选择前茬没有打过除草剂的地块种植；种植当年应做好隔离，避免周边作物使用除草剂飘到藜麦地块，造成藜麦叶片卷曲、抽穗困难（彩图4-4至彩图4-5）。

2017年，延庆区香营乡上垙村（116°49′E，40°60′N，海拔

587米）上茬打过除草剂（烟嘧莠去津）的地块种植藜麦后，出苗率降低74.3%；而开春土壤解冻后旋耕1遍有利于除草剂的挥发，出苗量达到12.8万株/公顷，可保全苗。延庆农场（115°53′E，40°27′N，海拔478米）前茬打过除草剂的地块要比未打过除草剂的地块，藜麦出苗量减少46.8%，生育进程延后，穗子变小，产量降低23.4%（表4-15、表4-16）。

表4-15 前茬除草剂对藜麦植株性状的影响

处理	日期（月/日）	株高（厘米）	冠幅（厘米）	茎粗（厘米）	分枝数（个）	有效分枝部位亮度（厘米）	主穗长（厘米）	主穗粗（厘米）
前茬未打除草剂	9/11	196.4	91.0	3.64	19.6	60.2	67.4	16.4
前茬打过除草剂	9/11	176	63.2	2.43	23.4	42.6	51.8	14.2

表4-16 前茬除草剂对藜麦产量的影响

处理	密度（万株/公顷）	单株粒重（克）	千粒重（克）	产量（千克/公顷）
前茬未打过除草剂	4.1	19.60	1.57	803.6
前茬打过除草剂	3.3	18.67	1.257	616.1

当年种植藜麦的周边玉米地块，打除草剂时，药剂飘到藜麦地块，也会对藜麦造成严重的不良影响，表现为叶子皱缩、抽穗困难，穗子小等（彩图4-6）。

2. 不同除草剂对藜麦田杂草的防效

张庆宇等（2018）在吉林延边以延藜1号为试验品种，研究了精草通克（15%精喹禾灵）、烯草酮（240克/升）、精稳杀得（15%精吡氟禾草灵）最低施用量和最高施用量对藜麦田禾本科杂草的防效，以及对藜麦产量的影响。结果表明：

（1）除草剂最低施用量对杂草剩余株数和防效的比较。在藜麦田，按说明书上建议的最低施用量喷施精草通克（237 毫升/公顷）、烯草酮（300 毫升/公顷）和精稳杀得（750 毫升/公顷），均有极显著的除草效果。精草通克对稗草的防效显著好于另两种除草剂，而 3 种除草剂对马唐、牛筋草的防效没有显著差异，但田间杂草残余株数均极显著少于对照（不喷除草剂的处理）（表 4－17）。

表 4－17 喷施最低施用量除草剂对禾本科杂草剩余株数的比较（张庆宇等，2018）

处理	农药施用量（毫升/公顷）	小区（13 米^2）杂草剩余株数		
		稗草	马唐	牛筋草
对照	0	507.3Aa	313.7Aa	64.7Aa
精草通克	237	57.7Bb	53.7Bb	26.0Bb
烯草酮	300	67.7Cc	48.0Bb	22.3Bc
精稳杀得	750	70.0Cc	50.3Bb	16.3Bd

从防治效果来看（表 4－18），这 3 种除草剂对稗草、马唐和牛筋草均具有极显著防效。其中，3 种除草剂对稗草和马唐的防效比较高，达 80%以上；对牛筋草的防效相对比较低，未达到 80%。

表 4－18 喷施最低施用量除草剂对禾本科杂草防效的比较（张庆宇等，2018）

处理	农药施用量（毫升/公顷）	防效（%）		
		稗草	马唐	牛筋草
对照	0	0A	0A	0A
精草通克	237	88.6B	82.9B	59.8B
烯草酮	300	86.7B	84.7B	65.5B
精稳杀得	750	86.3B	84.0B	74.8B

（2）除草剂最高施用量对杂草剩余株数和防效的比较。按说明书上建议的最高施用量喷施如下药剂：精草通克（348 毫升/公

顷）、烯草酮（450 毫升/公顷）和精稳杀得（1 050 毫升/公顷），对藜麦田杂草都有极好的防除效果（表 4－19）。

表 4－19　喷施最高施用量除草剂对禾本科杂草剩余株数的比较（张庆宇等，2018）

处理	农药施用量（毫升/公顷）	小区（13 米²）杂草株数		
		稗草	马唐	牛筋草
对照	0	507.3Aa	313.7Aa	64.7Aa
精草通克	348	0Cc	0Bb	0Bb
烯草酮	450	0Cc	0Bb	0Bb
精稳杀得	1 050	13.3Bb	10.0Bb	0Bd

从防治效果来看，精草通克和烯草酮对稗草、马唐和牛筋草的防效达 100.0%，精稳杀得对牛筋草的防效达 100.0%，对稗草和马唐的防效分别达 97.3%和 96.1%（表 4－20）。

表 4－20　喷施最高施用量除草剂对禾本科杂草防效的比较（张庆宇等，2018）

处理	农药施用量（毫升/公顷）	防效（%）		
		稗草	马唐	牛筋草
对照	0	0a	0a	0a
精草通克	348	100.0b	100.0b	100.0b
烯草酮	450	100.0b	100.0b	100.0b
精稳杀得	1 050	97.3b	96.1b	100.0b

3. 除草剂对藜麦产量的影响

按最低和最高施用量喷施精草通克、烯草酮和精稳杀得防除杂草时，对藜麦植株没有不良影响，各处理藜麦植株死亡率均为 0。从不同处理藜麦小区产量来看，按最低施用量喷施烯草酮（使用量 300 毫升/公顷）时，藜麦产量最高，喷施除草剂处理的藜麦产量与对照差异不显著（表 4－21）。

表 4-21 不同处理的藜麦产量（张庆宇等，2018）

处理	农药施用量	小区产量（千克）	产量（千克/公顷）
对照	0	1.43a	1 100.10
精草通克	237	1.44a	1 107.75
	348	1.43a	1 100.10
烯草酮	300	1.45a	1 115.40
	450	1.43a	1 100.10
精稳杀得	750	1.43a	1 100.10
	1 050	1.43a	1 100.10

4. 除草剂土壤处理和苗后处理的效果比较

此外，为了解除草剂对藜麦的安全性，田娟等（2021）选用市场上常见的，包括异丙甲草胺、丙草胺、咪唑乙烟酸、扑草净、西草净、仲丁灵、五氟磺草胺、乙氧氟草醚、稗草稀、莎稗磷、烟嘧磺隆、单嘧磺隆、莠去津、氯氟吡氧乙酸异辛酯、苯达松、二甲戊灵、氟磺胺草醚、乙草胺、辛酰溴苯腈 19 种除草剂，以吉林省白城市农业科学院藜麦品系编号 2013-BL113 为试验材料，通过盆栽试验，分播后苗前处理和苗后处理（播后藜麦苗长至 8～10 叶时对茎叶和土壤全面喷雾处理），在 2 种处理方式下，各类除草剂对各盆栽藜麦苗的药害情况显示：

（1）苗前处理。15 个除草剂处理对杂草均有较好的防效，但是藜麦会出现不同程度的药害，有的药后 3～4 天就会出现明显药害现象。属于急性药害，包括异丙甲草胺、咪唑乙烟酸、扑草净、西草净、二甲戊灵、仲丁灵、乙氧氟草醚、单嘧磺隆、氟磺胺草醚、莠去津。有些施药后逐渐产生药害，持续 1 周或者更长时间达到严重药害，这属于慢性药害，包括五氟磺草胺、莎稗磷、烟嘧磺隆。其中，异丙甲草胺、丙草胺、莎稗磷和烟嘧磺隆随着剂量的增加药害逐渐增加，并且在各除草剂正常剂量下没有明显药害发生，药害等级均属于 1 级。稗草稀对藜麦不产生药害，在各试验浓度下对藜麦生长安全。

（2）苗后处理。15个除草剂对杂草防效和藜麦的药害程度各异。异丙甲草胺药害2级；氯氟吡氧乙酸异辛酯、咪唑乙烟酸、苯达松、西草净、氟磺胺草醚、乙氧氟草醚、烟嘧磺隆、单嘧磺隆，药后3～4天就会出现明显药害现象且药害达到4～5级，不可恢复；稗草稀、莎稗磷，药后3～4天出现轻微药害，7天左右恢复，稗草稀对阔叶杂草防除效果不佳，莎稗磷正常剂量下对阔叶杂草防除效果不佳，5倍和10倍剂量可防阔叶杂草；二甲戊灵、仲丁灵药后7天才出现药害，药害等级分别为4级和3级。正常剂量下，药后3～4天出现药害，药害等级为4级，约15天后可恢复正常，可以防控阔叶杂草。

（3）复茬藜麦药害情况。咪唑乙烟酸、单嘧磺隆、氟磺胺草醚、咪唑乙烟酸、仲丁灵、氟磺胺草醚等属于长残留除草剂，藜麦对其敏感，上茬使用后下茬会产生严重药害，甚至导致藜麦绝产。对下茬种藜麦不受影响的除草剂包括异丙甲草胺、丙草胺、扑草净、西草净、二甲戊灵、五氟磺草胺、莎稗磷、氯氟吡氧乙酸异辛酯、苯达松、稗草稀；仲丁灵正常剂量对藜麦不会产生药害，5倍和10倍剂量会对藜麦产生严重药害，不可恢复；乙氧氟草醚正常剂量对藜麦不会产生药害，5倍剂量会对藜麦产生轻微药害但可以恢复，10倍剂量会对藜麦产生严重药害，不可恢复；烟嘧磺隆、莠去津和辛酰溴苯腈对藜麦有轻微药害，可以恢复；乙草胺随着浓度增加药害加重，可以恢复。

不过，综合来看，由于藜麦与灰灰菜是“同祖同宗”，同属于藜科、一年生草本植物，张庆宇（2018）和田娟（2021）的试验并未见生产中大面积应用的报道，在北京藜麦生产中也未进行试验，使用时还需非常谨慎。

二、土壤肥力

2015年，以山西华青藜麦1号为试验材料在延庆区永宁镇太平庄村（40°47′N，116°28′E）比较了上茬菜地（高肥力地段）及上茬未种植庄稼的沙石地（低肥力地段）种植藜麦的生长差异。

试验结果表明：在生长早期，不同肥力地块对藜麦生长有明显影响。低肥地块株高、茎粗、分枝数等生长指标明显低于高肥力地块；生长后期差异不明显（表4-22）。

表4-22 不同肥力地块对藜麦生长的影响

调查时间	株高（厘米）		茎粗（毫米）		分枝数（个）	
	高肥地块	低肥地块	高肥地块	低肥地块	高肥地块	低肥地块
6月23日	129.3±5.2	52.9±1.1	19.6±1.0	13.0±0.4	25.1±1.0	16.2±0
7月15日	182.1±5.5	132.5±4.0	20.6±0.4	19.9±0.3	27.2±2.0	24.3±2.0
7月30日	190.9±1.5	157.8±3.5	24.0±0.4	22.1±0.9	27.1±0	24.1±1.2

从产量结果来看，高肥力地块出苗及单株生产能力均高于低肥地块，高肥力地块最终产量为1 793.2千克/公顷，低肥力地块藜麦由于出苗不齐，前期生长缓慢，整体生育进程延缓，导致后期物质积累不足（彩图4-7），单株粒重和千粒重均较高肥力地块低（表4-23）。因此，生产中为获得较好的产量和效益，宜选择土壤肥力中等偏上地块种植，产量可提高22%～64%。

表4-23 不同肥力地块对藜麦产量及产量构成因素的影响

处理	实际密度（株/公顷）	单株粒重（克）	千粒重（克）	产量（千克/公顷）
高肥地块	57 180±675	31.36±0.2	2.63±0.1	1 793.2±33.0
低肥地块	45 780±360	27.94±0.3	2.49±0.1	1 279.1±25.5

第三节 合理施肥技术

北京市未系统开展不同肥料对藜麦的影响试验，不过据查阅文献，氮、磷、钾肥对藜麦生长均有促进作用。

一、氮肥对藜麦的作用

康小华等（2017）以条藜 1 号为试验材料，在甘肃省农垦条山农场开展了不同氮肥施用量及基追比对藜麦产量及经济性状的影响试验。结果表明：施氮对藜麦有明显的增产作用，而适宜的氮肥施用量及基追比是藜麦高产的重要因素，当施氮量为 60 千克/公顷、基追比为 1∶2 时，藜麦植株的各项性状指标表现良好，产量最高。

（一）不同氮肥施用量及基追比对藜麦产量的影响

藜麦施氮有明显的增产作用，施氮各处理藜麦产量为 1 941.2～3 120.4 千克/公顷，较对照产量（1 670.5 千克/公顷）增加 270.7～1 449.9 千克/公顷，增幅 16.2%～86.8%。在不同施氮水平中，施氮 60 千克/公顷的 3 个处理产量较高，其次为施氮 90 千克/公顷的 3 个处理，施氮 30 千克/公顷的 3 个处理产量相对较低（表 4－24）。

随着施氮量的增加，藜麦产量先增加后减少，并不随着施氮量的上升而上升，这与一些学者的研究是一致的，即施用氮肥可以使藜麦得到良好生长，但施用氮肥过多会使作物晚熟、易倒伏，从而造成减产。对产量进行方差分析发现，施氮量 60 千克/公顷、基追肥比例为 1∶2 的处理产量最高为 3 120.4 千克/公顷，显著高于不施肥的对照处理，较对照增产 1 449.9 千克/公顷，增产幅度达到 86.8%，但与其他施氮处理差异不显著。

表 4－24　不同氮肥施用量及基追比对藜麦产量的影响（康小华等，2017）

处理	施氮量（千克/公顷）	基追比	小区（90 米²）产量（千克）	折合产量（千克/公顷）	与对照比		
					增产（千克/公顷）	增幅（%）	产量位次
1（对照）	0	—	15.0±1.75	1 670.5b	—	—	10
2	30	1∶1	19.0±2.92	2 108.7ab	438.2	26.2	8

（续）

处理	施氮量（千克/公顷）	基追比	小区（90米²）产量（千克）	折合产量（千克/公顷）	与对照比		
					增产（千克/公顷）	增幅（%）	产量位次
3	30	1∶2	20.0±1.69	2 223.4ab	552.9	33.1	7
4	30	2∶1	17.5±1.14	1 941.2ab	270.7	16.2	9
5	60	1∶1	21.1±5.14	2 343.1ab	672.6	40.3	4
6	60	1∶2	28.1±7.30	3 120.4a	1 449.9	86.8	1
7	60	2∶1	26.2±5.23	2 916.7ab	1 246.2	74.6	2
8	90	1∶1	20.5±0.82	2 275.3ab	604.8	36.2	6
9	90	1∶2	21.0±2.30	2 338.3ab	667.8	40.0	5
10	90	2∶1	22.4±5.49	2 487.8ab	817.3	48.9	3

（二）不同氮肥施用量及基追比对藜麦经济性状的影响

通过对不同处理的株高、茎粗、穗长、单株重、有效分枝数和无效分枝数进行分析发现（表4-25），施氮后，藜麦的综合经济性状有一定的改善。除个别处理外，各施氮处理较对照的茎粗、穗长、有效分枝数普遍有所增加，株高和无效分枝数降低，单株重增加2.5～13.1克，增幅为16.7%～87.3%。

不同施氮处理的经济性状和该处理所对应的产量有一定的关系。施氮60千克/公顷，基追比为1∶2的处理表现最好，株高适中、茎秆较粗壮、单株粒重最大、有效分枝数较多而无效分枝数较少，综合经济性状最好；对照处理的株高过于高大，有效分枝数较少、无效分枝数较多，茎秆和枝叶徒长，导致其单株产量较低，影响了最终的产量。综合各处理的经济性状指标来看，经济性状的表现优劣与产量有很大的关系，特别是穗长、单株粒重和有效分枝数等指标，对藜麦产量的贡献较大，是促成藜麦产量提高的重要指标。

表 4-25 不同氮肥施用量及基追比对藜麦经济性状的影响（康小华等，2017）

处理	施氮量（千克/公顷）	基追比	株高（厘米）	茎粗（毫米）	穗长（厘米）	单株粒重（克）	有效分枝（个）	无效分枝（个）
1（CK）	0	—	143.6	13.9	29.7	15.0	15.3	14.1
2	30	1∶1	125.6	12.8	37.4	19.0	19.2	8.6
3	30	1∶2	134.4	14.8	36.3	20.0	13.9	10.1
4	30	2∶1	125.4	13.2	41.8	17.5	20.4	9.0
5	60	1∶1	128.3	16.1	33.0	21.1	15.9	13.2
6	60	1∶2	128.9	15.6	39.8	28.1	19.1	7.8
7	60	2∶1	130.7	15.4	35.8	26.2	18.1	12.7
8	90	1∶1	123.7	12.7	29.8	20.5	18.7	15.4
9	90	1∶2	111.0	13.0	42.2	21.0	14.7	14.1
10	90	2∶1	120.3	16.0	40.7	22.4	17.2	9.3

二、磷肥对藜麦的作用

惠薇等（2021）通过在日光温室进行盆栽试验探究不同磷肥用量对藜麦生长及养分吸收的影响。以山西静乐县藜麦（白藜）为试验材料，试验所用塑料盆底部直径 24 厘米，上口直径 30 厘米，盆深 30 厘米。每盆装风干土 18 千克，每盆等距播种 10 穴，每穴播种 10 粒，共 100 粒。待幼苗长到三叶一心时，挑选长势均匀幼苗，每穴定苗 10 株。供试土壤为山西静乐县黄绵土（有机质含量 12.3 克/千克、全氮含量 0.75 克/千克、有效磷含量 4.4 毫克/千克、速效钾含量 96 毫克/千克、pH 8.57）。氮、磷、钾肥按照试验设计一次性施入，肥料为尿素（46%）、过磷酸钙（P_2O_5 44%）、硫酸钾（K_2O_5 4%）。

结果表明，在氮、钾肥用量相同，磷肥（P_2O_5）用量分别为 0、25.5、51.0、76.5、102.0 千克/公顷时，藜麦株高随着磷肥用量的增加而增加；茎粗、生物量和氮、磷、钾累积吸收量（除 60

天外）在磷肥用量为0～76.5千克/公顷时，均随着磷肥用量的增加而增加；当磷肥用量为76.5千克/公顷时，茎粗、生物量和氮、磷、钾累积吸收量（除60天外）达最大，氮、磷、钾累积吸收量最大值，分别为8.6、1.2、22.3克/株；磷肥用量>76.5千克/公顷时，茎粗、生物量和氮、磷、钾累积吸收量（除60天外）下降。该试验条件下，藜麦生长适宜的磷肥（P_2O_5）用量为76.5千克/公顷。

三、钾肥对藜麦的作用

惠薇等（2021）也研究了在氮、磷肥用量相同时，钾肥（K_2O）用量分别为0、21、42、63、84千克/公顷时，藜麦株高、茎粗、生物量以及氮、磷、钾累积吸收量的变化。试验材料及方法同上。

结果表明，施用钾肥能明显增加藜麦株高、茎粗。钾肥用量在0～63千克/公顷时，藜麦生物量和氮、磷、钾累积吸收量均随着钾肥用量的增加而增加；当钾肥用量>63千克/公顷时，生物量和氮、磷、钾累积吸收量下降；当钾肥用量为63千克/公顷时，生物量和氮、磷、钾累积吸收量均达最大，氮、磷、钾累积吸收量分别为28.0、2.3、47.2克/株。该试验条件下，藜麦生长适宜的钾肥（K_2O）用量为63千克/公顷。

四、肥料混施对藜麦的作用

（一）磷钾肥的适宜施用量

刘阳等（2019）以陇藜1号为供试品种，研究了磷钾肥对藜麦生长发育及产量的影响。氮肥用尿素（N 46%）；磷肥用磷酸二胺（N 18%，P_2O_5 46%）；钾肥用氯化钾（K_2O 50%）。磷肥用量设4个水平：P_0（CK）、P_1、P_2、P_3 分别为0、40、80、120千克/公顷；钾肥用量设4个水平：K_0（CK）、K_1、K_2、K_3 分别为0、40、80、120千克/公顷；氮肥用量为150千克/公顷，其中底肥75千克/公顷、分枝期追肥75千克/公顷；磷钾肥作为底肥一次性施入。

1. 不同水平磷钾肥对藜麦主要经济性状的影响

研究表明（表4-26）。高磷高钾处理（P_3K_3）的单株鲜重量最高，达到349克；对照（P_0K_0）的单株鲜重量最低，为295克，藜麦单株鲜生物累积量随磷钾肥水平的提高而增加。P_2K_2 和 P_3K_2 处理的单株干重最高，均为262克，P_3K_3 次之，为261克，P_0K_1 最低，为218克，这说明，磷钾肥的施用可以提高藜麦单株干重，中高水平磷钾肥的施用对藜麦干重的提高明显。各处理的单株平均穗数比较，除 P_2K_0 外，施入磷钾肥单株平均穗数比对照均有增加，其中 P_3K_1 单株平均穗数最多，为29个，其次是 P_3K_3，为26个，对照 P_0K_0 最低，为20个。高磷肥水平下，单株平均穗数都较多，磷肥能显著提高藜麦穗数。各处理单株主茎穗重比较，P_2K_1 最高，为16.9克，其次是 P_1K_2、P_1K_1 和 P_2K_2，分别为16.8、16.7、16.4克，对照 P_0K_0 主茎穗重最低，为14.1克，表明中低水平磷钾肥能显著增加主茎穗重。各处理单株侧枝穗重比较，P_2K_2 处理最高，为53.0克，对照 P_0K_0 最低，为46.1克，施入中水平磷钾肥的侧穗重增加最明显。各处理藜麦单株总穗重比较，P_2K_2 处理单株总穗重最大，为69.4克，对照 P_0K_0 单株总穗重最低，为60.1克，说明增施磷钾肥能增加藜麦穗重，且中水平磷、钾肥更有利于促进藜麦总穗重的增加。

表4-26　不同水平磷钾肥对藜麦主要经济性状的影响（刘阳等，2019）

处理	单株鲜重（克）	单株干重（克）	单株平均穗数（个）	单株主茎穗重（克）	单株侧枝穗重（克）	单株总穗重（克）
P_0K_0	295±48.5	221±45.8	20±1.2	14.1±1.9	46.1±3.8	60.1±3.9
P_0K_1	302±52.8	218±59.1	21±1.0	14.4±1.7	46.7±2.4	61.1±3.3
P_0K_2	308±55.5	219±35.9	21±1.3	15.0±1.5	47.6±2.0	62.6±1.5
P_0K_3	318±44.6	235±51.0	24±1.9	15.6±2.0	47.7±2.1	63.3±3.4
P_1K_0	320±52.9	240±41.3	22±1.9	15.4±1.6	47.6±2.5	63.0±4.0
P_1K_1	321±22.2	243±33.4	22±2.5	16.7±2.0	51.3±1.6	68.0±3.4

（续）

处理	单株鲜重（克）	单株干重（克）	单株平均穗数（个）	单株主茎穗重（克）	单株侧枝穗重（克）	单株总穗重（克）
P_1K_2	323±51.9	241±46.3	23±1.4	16.8±2.4	51.6±3.0	68.4±3.5
P_1K_3	312±49.2	238±55.5	21±1.0	16.1±1.9	48.1±1.6	64.2±1.7
P_2K_0	315±50.8	215±48.4	20±2.4	14.6±2.1	48.8±6.1	63.4±5.1
P_2K_1	338±53.1	243±41.7	23±1.8	16.9±2.1	52.3±5.6	69.3±6.4
P_2K_2	332±59.9	262±87.6	24±3.6	16.4±2.0	53.0±3.7	69.4±4.5
P_2K_3	318±49.6	254±48.6	24±3.4	15.7±1.8	52.3±3.2	68.0±4.1
P_3K_0	332±48.6	227±31.4	22±2.1	14.8±1.8	47.4±1.5	62.2±1.6
P_3K_1	330±45.4	234±37.4	29±6.5	15.6±1.8	49.1±4.5	64.7±5.2
P_3K_2	343±52.4	262±45.0	24±2.5	15.3±2.3	52.9±3.0	68.1±3.0
P_3K_3	349±43.3	261±30.4	26±4.9	15.2±2.5	51.9±4.6	67.0±4.7

2. 不同水平磷钾肥对藜麦产量及产量构成因素的影响

由表 4-27 可知，主茎穗粒重与侧枝穗粒重变化规律基本一致，其中 P_1K_2 的主茎穗粒重最大，为 6.1 克，其次为 P_1K_1、P_2K_1 和 P_2K_2 为 5.7 克，P_0K_3 最低为 4.6 克。各处理侧枝穗粒重比较，P_2K_1 最大，为 24.7 克，P_0K_1 最小，为 20.9 克。各处理单株粒重比较，处理 P_2K_1 最大，为 30.4 克，处理 P_0K_1 最小，为 25.7 克。综上可以看出：中水平磷肥、低水平钾肥可以获得较高的单株产量。对藜麦千粒重进行比较，处理 P_2K_1 的千粒重最大，为 2.73 克，说明中水平磷肥、低水平钾肥的藜麦籽粒最饱满，这可能也是中水平磷肥、低水平钾肥处理单株产量较高的原因。从千粒重指标发现，P_3K_3 最低，说明过度施入磷钾肥反而导致藜麦籽粒饱满度降低，这可能是因为高水平磷钾肥使得藜麦分枝数过多，果穗成熟期间无效养分消耗多，干物质不能有效运输到籽粒中，虽然产量不低，但是藜麦的籽粒成熟度较差。因此，在藜麦生产实际中不能盲目地大量施用磷钾肥。

P_2K_2 处理的产量最高，为 2 071 千克/公顷，其次是 P_2K_1，为 2 058 千克/公顷，P_0K_1 处理产量最低，为 1 788 千克/公顷。说明中水平磷钾肥的藜麦产量最高，藜麦磷钾肥适宜用量为 80 千克/公顷。

表 4-27　不同水平磷钾肥对藜麦产量构成因素及产量的影响（刘阳等，2019）

处理	主茎穗粒重（克）	侧枝穗粒重（克）	单株粒重（克）	千粒重（克）	单位面积产量（克/米^2）	产量（千克/公顷）
P_0K_0	4.7±0.5	21.6±2.5	26.3±2.4	2.49±0.06	179.4±2.8	1 794
P_0K_1	4.8±0.4	20.9±2.4	25.7±2.2	2.54±0.06	178.8±2.0	1 788
P_0K_2	4.7±0.4	21.6±1.3	26.3±1.5	2.53±0.08	180.0±2.0	1 800
P_0K_3	4.6±0.5	22.3±1.5	26.9±1.8	2.51±0.04	184.6±2.2	1 846
P_1K_0	4.8±0.6	23.0±1.9	27.8±2.2	2.50±0.04	189.2±2.9	1 892
P_1K_1	5.7±0.8	23.7±1.4	29.3±1.1	2.62±0.05	200.2±2.2	2 002
P_1K_2	6.1±0.9	23.5±1.9	29.6±1.2	2.68±0.05	204.0±1.6	2 040
P_1K_3	5.6±0.9	22.7±1.4	28.2±1.5	2.59±0.06	194.1±1.9	1 941
P_2K_0	4.8±0.5	22.6±2.1	27.4±2.0	2.62±0.05	189.0±2.0	1 890
P_2K_1	5.7±0.8	24.7±0.9	30.4±0.9	2.73±0.04	205.8±2.7	2 058
P_2K_2	5.7±0.3	24.6±1.4	30.3±1.2	2.71±0.03	207.1±2.1	2 071
P_2K_3	5.5±0.6	24.5±1.5	30.0±1.3	2.65±0.07	203.5±2.8	2 035
P_3K_0	4.8±0.7	22.9±1.4	27.7±1.7	2.58±0.03	188.1±2.6	1 881
P_3K_1	5.0±0.4	22.6±1.4	27.5±1.3	2.59±0.02	188.5±1.9	1 885
P_3K_2	5.0±0.7	23.7±2.5	28.7±2.7	2.52±0.03	193.7±3.7	1 937
P_3K_3	5.1±0.7	24.0±2.2	29.1±2.1	2.48±0.05	196.0±3.5	1 960

（二）氮磷钾肥的适宜施用量

李旭青等（2023）以格藜 3 号与藜麦 3414 进行田间肥效试验。氮肥为尿素（N 46%）、磷肥为过磷酸钙（P_2O_5 12%）、钾肥为硫酸钾（K_2O 50%）。设置氮、磷、钾 3 个因素，4 个水平的回归试验，0 水平为不施肥，2 水平为青海省乌兰县最佳施肥量，1 水平=2

水平×0.5（即不足施肥水平），3 水平＝2 水平×1.5（即过量施肥水平），共 14 个处理（表 4－28）。磷钾肥播前整地一次性施入，氮肥作为追肥随第 1 次浇水施入，试验均不施有机肥。结果表明：氮、磷、钾肥配合施用可以显著提高藜麦产量；藜麦对氮、磷、钾肥的依存度分别为 67.27%、43.64%、30.91%，氮肥和磷肥对藜麦产量的影响较大，钾肥次之。

表 4－28 格藜 3 号藜麦 3414 试验各处理施肥量（李旭青等，2023）

编号	处理	编码水平			施肥量（千克/公顷）		
		X_1（N）	X_2（P）	X_3（K）	N	P_2O_5	K_2O
1	$N_0P_0K_0$	0	0	0	0	0	0
2	$N_0P_2K_2$	0	2	2	0	172.50	37.5
3	$N_1P_2K_2$	1	2	2	69	172.50	37.5
4	$N_2P_0K_2$	2	0	2	138	0	37.5
5	$N_2P_1K_2$	2	1	2	138	86.25	37.5
6	$N_2P_2K_2$	2	2	2	138	172.50	37.5
7	$N_2P_3K_2$	2	3	2	138	258.75	37.5
8	$N_2P_2K_0$	2	2	0	138	172.50	0
9	$N_2P_2K_1$	2	2	1	138	172.50	18.75
10	$N_2P_2K_3$	2	2	3	138	172.50	56.25
11	$N_3P_2K_2$	3	2	2	207	172.50	37.50
12	$N_1P_1K_2$	1	1	2	69	86.25	37.50
13	$N_1P_2K_1$	1	2	1	69	172.50	18.75
14	$N_2P_1K_1$	2	1	1	138	86.25	18.75

由表 4－29 可知，藜麦产量在 1 699.5～5 584.5 千克/公顷之间，不同氮、磷、钾肥用量之间藜麦产量变化较大，处理 $N_0P_0K_0$ 藜麦产量最低，仅有 1 699.5 千克/公顷。$N_0P_2K_2$、$N_2P_0K_2$、$N_2P_2K_0$ 3 个处理的藜麦产量分别为 1 800.0、3 099.0、3 799.5 千克/公顷，说明需重视氮肥和磷肥的合理施用。随着氮、磷、钾肥

施用量的增加，藜麦产量逐渐增加，富 N 区（$N_3P_2K_2$）产量最高，达 5 584.5 千克/公顷，但超过一定量时会出现负效应现象，如富 P 区（$N_2P_3K_2$）、富 K 区（$N_2P_2K_3$）产量均为 5 200.5 千克/公顷，都低于推荐施肥处理（$N_2P_2K_2$）的产量（5 499.0 千克/公顷），说明氮、磷、钾肥合理配施对提高藜麦产量具有极其重要的作用。

表 4-29 格藜 3 号藜麦 3414 试验产量结果（李旭青等，2023）

编号	处理	折合产量（千克/公顷）			
		Ⅰ	Ⅱ	Ⅲ	平均
1	$N_0P_0K_0$	1 695.0	1 696.5	1 707.0	1 699.5f
2	$N_0P_2K_2$	1 818.0	1 785.0	1 797.0	1 800.0f
3	$N_1P_2K_2$	3 948.0	3 942.0	3 810.0	3 900.0c
4	$N_2P_0K_2$	3 042.0	3 153.0	3 102.0	3 099.0d
5	$N_2P_1K_2$	2 253.0	2 356.5	2 289.0	2 299.5e
6	$N_2P_2K_2$	5 568.0	5 442.0	5 487.0	5 499.0a
7	$N_2P_3K_2$	5 091.0	5 281.5	5 229.0	5 200.5b
8	$N_2P_2K_0$	3 834.0	3 841.5	3 723.0	3 799.5c
9	$N_2P_2K_1$	3 129.0	3 177.0	3 292.5	3 199.5d
10	$N_2P_2K_3$	5 299.5	5 139.0	5 163.0	5 200.5b
11	$N_3P_2K_2$	5 559.0	5 583.0	5 611.5	5 584.5a
12	$N_1P_1K_2$	3 769.5	3 822.0	3 807.0	3 799.5c
13	$N_1P_2K_1$	3 777.0	3 837.0	3 784.5	3 799.5c
14	$N_2P_1K_1$	5 088.0	5 139.0	5 073.0	5 100.0b

根据“相对产量低于 50%的土壤养分为极低，50%～75%为低，75%～95%为中等，高于 95%为丰富”对土壤养分进行缺素产量效果分析。相对产量、施肥依存度计算公式如下：

$$相对产量（\%）=处理产量/N_2P_2K_2\ 产量\times 100$$

$$施肥依存度（\%）=1-相对产量$$

由表 4-30 可以看出，不施肥区（$N_0P_0K_0$）藜麦相对产量为

30.91%，说明该地块肥力极低。缺N区、缺P区、缺K区的相对产量分别为32.73%、56.36%、69.09%，施肥依存度分别为67.27%、43.64%、30.91%，氮、磷、钾肥配合施用时，藜麦对三元素肥料依存度为69.09%，即氮肥和磷肥对藜麦产量的影响较大，钾肥次之。

表4-30 藜麦基础产量与肥料依存度

小区	处理	实际产量（千克/公顷）	相对产量（%）	施肥依存度（%）
不施肥区	$N_0P_0K_0$	1 699.5	30.91	—
缺N区	$N_0P_2K_2$	1 800.0	32.73	67.27
缺P区	$N_2P_0K_2$	3 099.0	56.36	43.64
缺K区	$N_2P_2K_0$	3 799.5	69.09	30.91
富N、P、K区	$N_2P_2K_2$	5 499.0	100.00	69.09

第四节 抗旱播种技术

藜麦种子小、播种出苗困难，抗旱播种技术要求高。在适宜播种期内，等雨或人工造墒播种，墒情以播种层含水量15%～20%为宜。2016年，以山西华青藜麦品系1为试验对象，设置A_1（播前造墒、播种深度1厘米）、A_2（播前造墒、播种深度2厘米）、A_3（播前造墒、播种深度3厘米）、A_4（播前造墒、播种深度4厘米）、B_2（干旱播种后浇蒙头水、播种深度2厘米）、B_4（干旱播种后浇蒙头水、播种深度4厘米）6个处理进行比较，结果表明（表4-31）：播前造墒的处理较干旱播种后浇蒙头水的处理出苗率和整齐度均有所提高。从处理A、A_2、A_3、A_4可知，适宜播种深度为2～3厘米，较播种深度1厘米出苗率提高37.6%～59.3%、整齐度提高44%～124%；较播种深度4厘米出苗率提高49.0%～72.5%、整齐度提高28.6%～100%。

表 4-31 不同播种处理对藜麦出苗的影响

处理	始苗期（播后天数）	终苗期（播后天数）	出苗率（%）	整齐度
A_1	5±0.5	16±0.5	41.8±0.4	2.5±0.1
A_2	6±0.5	10±0.5	66.6±0.6	5.6±0.3
A_3	6±0.3	12±0.2	57.5±0.6	3.6±0.2
A_4	9±0.3	16±0.2	38.6±0.3	2.8±0.1
B_2	8±0.5	12±0.5	36.3±0.8	2.9±0.1
B_4	12±0.5	15±0.3	8.0±0.2	1.7±0.1

注：整齐度为播后 25 天测株高变异系数 CV，整齐度=1/CV。

此外，在藜麦出苗及需水关键生育时期及时进行滴灌和补灌，可以有效地增加出苗，提高作物产量及其水分利用效率。刘小月等（2023）在内蒙古阴山北麓设置苗期+分枝期滴灌（W1）、苗期+显穗期滴灌（W2）、苗期+灌浆期滴灌（W3）、苗期+分枝期+显穗期滴灌（W4）、苗期+分枝期+灌浆期滴灌（W5）、苗期+显穗期+灌浆期滴灌（W6）共 6 个藜麦田间滴灌处理（表 4-32、表 4-33），通过对比分析各处理对 0～100 厘米土层土壤水分状况及藜麦干物质积累量、籽粒产量的变化情况。结果表明：在藜麦全生育期，不同滴灌处理土壤含水量在 40～70 厘米土层变化幅度较大。W5 处理藜麦干物质积累量明显高于其他灌溉处理，产量和水分利用效率均最高，分别为 2 225.56 千克/公顷和 6.49 千克/(毫米・公顷)，可作为该地区藜麦节水高效的滴灌制度。

表 4-32 不同滴灌处理对藜麦产量构成因素的影响

处理	千粒重（克）	单株粒重（克/株）	产量（千克/公顷）
W1	2.43±0.06c	48.47±0.46c	1 389.65±60.4d
W2	2.52±0.04b	49.32±0.34b	1 414.47±56.8d
W3	2.59±0.03b	51.85±0.63b	1 611.34±69.2c

（续）

处理	千粒重（克）	单株粒重（克/株）	产量（千克/公顷）
W4	2.97±0.05ab	55.21±0.55ab	1 945.61±70.6b
W5	3.23±0.06a	59.64±0.66a	2 225.56±64.3a
W6	3.15±0.07a	56.37±0.87a	2 024.75±67.5ab

表 4-33 不同滴灌处理下藜麦水分利用情况

处理	总耗水量（毫米）	有效降水量（毫米）	土壤贮水量（毫米）	水分利用率[千克/(毫米·公顷)]
W1	260.5±7.54d	119.5a	22.45±2.28a	5.33±0.24c
W2	263.2±5.55c	119.5a	20.27±1.01b	5.37±0.47c
W3	267.7±4.32c	119.5a	19.56±1.01b	6.02±0.25b
W4	320.3±5.17b	119.5a	16.65±1.66c	6.07±0.31b
W5	327.4±6.67a	119.5a	14.33±1.66d	6.49±0.36a
W6	323.8±6.33ab	119.5a	17.81±1.91c	6.25±0.43ab

滴灌除可有效减少水分蒸发外，还可同时给藜麦补充施肥，实现水肥一体化管理，可以省时、省工和节肥，提高肥料利用率，氮利用率可达 90%，磷 60%～70%，钾 96%。具体步骤为：首先打开滴灌带开关，滴灌清水，等管道全部注满水时，在滴灌带接头处增施氮磷钾肥或微量元素，通过滴灌方式将肥料滴到根部周围，缓慢地渗入土壤中。每次增施肥后，滴灌清水 20～30 分钟清洗管道内的残留肥液，避免滴头堵塞。可根据藜麦长势及田间土壤墒情，在开花期和灌浆期进行滴灌。

第五节 控株防倒技术

一、化控防倒

藜麦生长后期分枝多易发生倒伏，严重影响产量和品质。喷施化控剂可以缩短节间长度，降低作物高度，提高抗倒伏能力。为探究降低藜麦倒伏的风险，2016 年，以山西汇天华藜麦品系 1 为试验材料，在延庆区永宁镇太平庄村（40°47′N，116°28′E），设置乙烯利、矮壮素、金得乐、多效唑、缩节胺、乙烯利＋矮壮素、缩节胺＋矮壮素 7 个化控处理（喷施有效浓度 1 000 毫克/千克）的比较试验，于 7 月 13 日分枝期，株高 50 厘米左右喷施药剂。

试验结果表明，各处理对藜麦株高均有一定矮化效果，但以矮壮素和矮壮素＋缩节胺矮化效果最明显；其中矮壮素能增加分枝数，显著提高单株产量，其增产的原因主要是增加单株分枝数（表 4－34、表 4－35）。

表 4－34　不同化控处理对藜麦植株性状的影响

处理	倒伏率（%）	株高（厘米）	单株分枝数（个）	茎秆直径（厘米）	单株穗重（千克）
乙烯利	86	163.13	20.5	1.81	38.31
矮壮素	80	135.22	26.3	2.02	60.12
金得乐	84	157.10	22.6	1.71	49.72
多效唑	81	165.55	21.6	1.93	44.13
缩节胺	78	167.14	23.3	1.64	31.31
矮壮素＋缩节胺	79	129.22	24.8	1.63	35.62
矮壮素＋乙烯利	83	144.11	20.9	1.82	34.74
对照	84	172.10	22.1	1.83	42.15

表 4－35　不同化控处理对藜麦产量性状的影响

处理	密度（万株/公顷）	单株粒重（克）	千粒重（克）	产量（千克/公顷）
乙烯利	4.6	14.9	2.0	685.4
矮壮素	4.9	20.6	2.3	1 009.4
金得乐	4.5	16.7	3.0	751.5
多效唑	4.6	14.1	2.1	648.6

（续）

处理	密度（万株/公顷）	单株粒重（克）	千粒重（克）	产量（千克/公顷）
缩节胺	5.1	14.3	1.9	729.3
矮壮素＋缩节胺	4.5	16.7	2.1	751.5
矮壮素＋乙烯利	5.0	14.4	1.8	720.0
对照	4.8	15.2	2.4	729.6

2016 年，以旱藜 1 号为试验材料，对比多效唑、金得乐、矮壮素、缩节胺和乙烯利 5 种化控剂（喷施有效浓度 1 000 毫克/千克），同时研究了人工打顶措施对藜麦植株生长发育和产量的影响，以未喷药处理为对照。于 7 月 20 日分枝期，株高 50 厘米左右进行药剂喷施。试验结果表明，随着藜麦生育进程推进，各处理与对照间株高差异变大，差异较大的处理为多效唑和矮壮素（图 4－2），而喷施乙烯利处理的藜麦植株在喷施 10 天后叶片和茎秆开始枯黄萎蔫，最后凋亡。

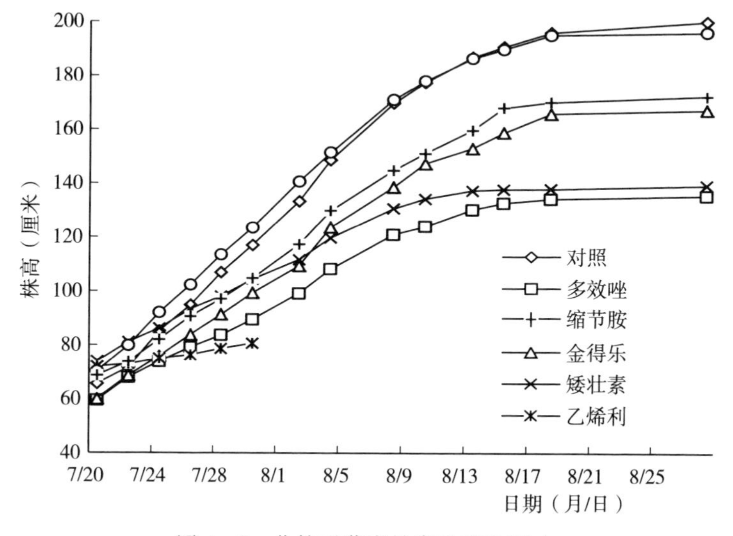

图 4－2 化控对藜麦株高动态的影响

各处理叶面积大小顺序为矮壮素>打顶>金得乐>多效唑>对照>缩节胺（图 4-3）。

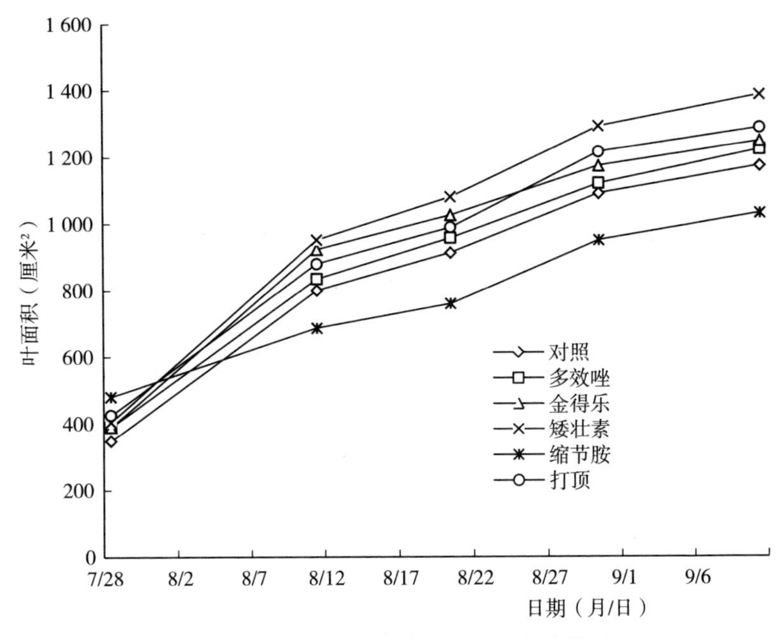

图 4-3　不同处理下单株叶面积变化情况

开花期不同处理间藜麦光合性能表现顺序一致，光合速率、气孔导度、胞间 CO_2 浓度、水分利用效率均为矮壮素>金德乐>多效唑>缩节胺>打顶>对照（表 4-36）。

表 4-36　开花期不同处理藜麦光合性能表现

处理	胞间 CO_2 浓度（微摩/摩尔）	气孔导度（毫摩/米²·秒）	光合速率（微摩/米²·秒）	蒸腾速率（毫摩/米²·秒）	水分利用效率（%）
多效唑	214.33±6.66	172.00±3.61	15.10±0.46	4.17±0.15	3.24±0.10
金得乐	217.00±9.17	184.00±4.36	15.43±0.21	4.13±0.06	3.73±0.04
矮壮素	278.00±4.58	208.67±1.53	16.90±0.35	4.07±0.06	4.16±0.03
缩节胺	210.33±3.06	163.67±2.52	13.73±0.15	4.50±0.10	3.05±0.04
打顶	208.67±7.64	154.00±3.61	11.77±0.46	4.53±0.21	2.59±0.13
对照	158.67±8.62	141.33±5.51	10.60±0.61	4.67±0.21	2.49±0.03

矮壮素处理的产量最高，较对照高114.7%，其次为多效唑，产量较对照高21.6%；矮壮素和多效唑主要通过增加千粒重和降低侧枝倒伏率来实现增产（表4-37）。

表4-37 不同化控处理对藜麦产量性状的影响

处理	分枝数（个）	茎粗（厘米）	单株粒重（克）	千粒重（克）	侧枝折断率（%）	产量（千克/公顷）
多效唑	10.7eE	0.92bcB	20.87bB	3.49bB	19.5	1 392.15bB
金得乐	11.3cC	1.11aA	20.14cC	3.29cdCD	20.2	1 343.40cC
矮壮素	11.0dD	0.92bcB	36.86aA	3.36cC	17.9	2 458.65aA
缩节胺	10.0fF	0.93bB	18.56dD	3.21dD	25.7	1 237.95dD
打顶	12.7aA	0.90cB	17.24eE	3.71aA	31.5	1 150.05eE
对照	12.0bB	0.84dC	17.17eE	3.25dD	30.2	1 145.25eE

结论：喷施多效唑和矮壮素等药剂均能有效预防藜麦倒伏，以矮壮素效果最好。

二、人工打顶

设置红藜1号株高1.0、1.2、1.4、1.6、1.8、2.0米时进行打顶6个处理，以不打顶做对照，力争通过筛选最佳打顶时间，抑制主茎生长，促进侧枝生长，降秆的同时，保证藜麦不减产，营造更加美观的景观效应。

试验在延庆区刘斌堡乡下虎叫村开展，人工条播，行距50厘米，定苗密度5.4万株/公顷。随机区组试验设计，3次重复，共计18个小区，小区面积12米^2（4米×3米）。

试验结果表明：打顶处理均要比对照株高降低，其中，以1.4米打顶株高降幅最小，为20.5%；以1.6米打顶株高降幅最大，为36.2%。此外，打顶处理的茎粗、有效分枝数、穗长、穗宽均要低于对照（表4-38）。

表 4-38 不同处理藜麦植株性状表现

处理	株高（厘米）	茎粗（厘米）	分枝数（个）	有效分枝数（个）	穗长（厘米）	穗宽（厘米）
1.0 米打顶	200.01	2.10	3.4	2.4	45.2	7.4
1.2 米打顶	227.13	2.44	3.2	3.0	56.4	9.6
1.4 米打顶	239.19	2.44	2.8	2.6	52.4	10.4
1.6 米打顶	192.11	2.60	3.0	2.6	51.8	8.0
1.8 米打顶	234.22	2.32	3.4	3.0	52.2	7.76
2.0 米打顶	200.21	2.18	5.6	4.0	27.4	4.24
对照	301.03	2.96	9.6	5.4	76.0	14.6

产量以对照最高，为 2 059.95 千克/亩，打顶处理均会降低红藜产量，特别是 1.8 米后打顶，红藜不能成熟。因此，如需打顶，应在 1.4 米前，可有效降秆，株高降低至 200.01～239.19 厘米，且不影响藜麦正常成熟，产量 1 069.50～1 457.10 千克/公顷，不会受到严重影响（表 4-39）。

表 4-39 不同处理藜麦产量性状表现

处理	有效分枝数（个）	籽粒直径（厘米）	单株穗粒重（克）	千粒重（克）	产量（千克/公顷）
对照	5.4	0.12	45.28	1.01	2 059.95
1.0 米打顶	2.4	0.12	35.33	0.73	1 069.50
1.2 米打顶	3.1	0.12	32.01	0.70	1 456.20
1.4 米打顶	2.6	0.12	32.03	0.93	1 457.10
1.6 米打顶	2.6	0.12	15.82	0.87	719.70
1.8 米打顶	3.0	0.11	13.31	0.97	605.55
2 米打顶	4.2	0.12	4.67	0.90	212.40

第六节 合理密植技术

密度通过影响植株个体与群体之间的生长直接或间接地影响藜

麦产量。已有学者研究了藜麦不同密度对藜麦生育期、农艺性状和产量的影响。藜麦种植密度过小，会导致植株分枝过多而不能及时成熟，同时也为杂草生长提供了空间，虽然个体产量较高，但整体产量低下；种植密度过大又会造成植株弱小，抗倒伏能力差，也影响整体产量。植株的个体与群体是对立统一的关系，因此，研究个体与群体之间的关系是获得藜麦稳产高产的保证。

根据藜麦的冠幅大小，藜麦品种可分为分枝型品种和紧凑型两类。留苗密度对不同株型的藜麦产量存在明显影响。

一、分枝型品种

2015 年以华青藜麦 1 号为试验材料在延庆区永宁镇太平庄村（40°47′N，116°28′E）设置 4 500 株/亩（行距 50 厘米×株距 30 厘米），4 000 株/亩（行距 50 厘米×株距 33 厘米），3 500 株/亩（行距 50 厘米×株距 38 厘米），3 000 株/亩（行距 50 厘米×株距 44 厘米），2 500 株/亩（行距 50 厘米×株距 53 厘米）5 个密度梯度。

试验结果表明：不同密度对藜麦产量存在明显影响；产量随密度的增加呈上升趋势（表 4－40）。千粒重受密度影响不明显，而单株粒重随着密度增大，从 32.03 克下降到 29.58 克。藜麦植株高大，密度过高，单株粒重下降、倒伏、茎折等问题加重。初步总结认为，北京地区要达到每亩 150 千克的产量目标，密度以 4 000 株/亩左右为宜。

表 4－40 分枝型品种不同留苗密度下藜麦产量表现

留苗密度（株/亩）	单株粒重（克）	千粒重（克）	产量（千克/公顷）
4 500	29.58	2.54	1 935
4 000	31.72	2.43	1 737
3 500	32.03	2.52	1 602
3 000	33.34	2.45	1 482
2 500	33.49	2.65	1 254

二、紧凑型品种

陇藜1号为2017年试验示范中表现较好的大粒型白籽藜麦品种，为紧凑型品种，2016年之前各地种植密度均在6万～7.5万株/公顷，但笔者2017年考察河北及内蒙古时发现，该品种的种植密度可以提高到12万株/公顷，甚至15万株/公顷以上。因此，为试验陇藜1号在北京地区的耐密性，获得高产的同时，提高藜麦田间覆盖度，抑制杂草生长，2018年设置陇藜1号5个种植密度的比较试验（表4-41）。

试验位于延庆区永宁镇南山健源生态园，人工穴播，行距50厘米，5个种植密度对应株距分别为33.3、22.2、16.7、13.3、11.1厘米。随机区组试验设计，3次重复，共计15个小区，小区面积24米^2（6米×4米）。

试验结果表明：随着密度的升高，株高、分枝数、有效穗数无明显变化趋势，分别为134.00～149.87厘米、11.3～14.0个、8.0～9.0个，但茎粗和冠幅呈下降趋势，茎粗由2.40厘米减少到1.63厘米，冠幅由47.61减少到26.91厘米。

表4-41　不同密度下陇藜1号的植株性状表现

留苗密度（万株/公顷）	株高（厘米）	茎粗（厘米）	冠幅（厘米）	分枝数（个）	有效穗数（个）
6	141.33	2.40	40.42	13.5	8.7
9	135.70	2.23	47.61	11.7	9.0
12	149.87	2.05	37.47	11.3	8.0
15	134.00	1.65	35.25	13.0	8.2
18	142.13	1.63	26.91	14.0	9.0

高密度下，千粒重也会受到影响。随密度升高，千粒重由1.9克下降到1.5克，单株粒重以8 000株/亩最高，最终产量也以8 000株/亩最高，达到103.39千克/亩（表4-42）。

表 4-42 不同密度下陇藜 1 号的穗部性状及产量表现

处理（万株/公顷）	田间实际株数（万株/公顷）	单株粒重（克）	千粒重（克）	产量（千克/公顷）
12	11.7	15.57	1.7	1 550.9a
15	15.0	9.36	1.8	1 191.2b
9	8.9	14.97	1.9	1 137.6b
18	17.3	7.69	1.5	1 129.8b
6	5.8	14.35	1.8	708.8c

因此，在北京地区藜麦生产中土壤肥力中上等地块，要获得 1 725 千克/公顷以上的目标产量，分枝型品种建议留苗密度 6.00 万～6.75 万株/公顷为宜；紧凑型品种，要获得 1 350 千克/公顷以上产量，田间密度可以达 12 万株/公顷，但要注意防倒。

此外，张永平等（2021）在内蒙古阴山丘陵区通过设置品种和密度两因素田间试验，研究了不同种植密度下陇藜 1 号和 K2 的形态指标、茎秆力学特性、生理指标等的差异及其与群体倒伏率和产量的关系。

试验地内蒙古乌兰察布市凉城县三苏木镇西永乐村≥10℃年积温 2 500℃，年均降水量 350～450 毫米，平均蒸发量 2 100 毫米，无霜期 125 天。土壤质地为沙壤土，耕作层 20 厘米有机质含量 15.77 毫克/千克，碱解氮含量 27.57 毫克/千克，速效磷含量 15.36 毫克/千克，速效钾含量 59.68 毫克/千克。

裂区设计，品种/系为主区，密度为副区，设置 6、9、12、15、18、21、24 万株/公顷共 7 个密度处理，3 次重复，共 42 个小区。宽窄行播种，宽行距 50 厘米，窄行距 40 厘米，株距按不同密度计算确定。采用机械覆膜人工点播，种肥施用量为磷酸二铵 300 千克/公顷、尿素 150 千克/公顷。播种期为 2017 年 5 月 7 日，出苗期为 5 月 15 日，播前和灌浆期滴灌 2 次，其他田间管理同大田生产。

由表 4-43 可知，不同种植密度下不同藜麦品种均发生不同程度的倒伏，且随着密度增大群体倒伏率显著增加。藜麦进入灌浆期，随着茎秆中贮藏物质向外转运和籽粒灌浆引起的穗部重量不断增大，茎秆抗倒伏能力降低，存在倒伏风险。两个藜麦品种倒伏均发生在灌浆期和成熟期，陇藜 1 号的倒伏率明显低于 K2。陇藜 1 号密度高于 18 万株/公顷时倒伏率不再显著增加。

表 4-43　不同密度处理下藜麦群体倒伏率比较（张永平等，2021）

密度（万株/公顷）	陇藜 1 号		K2	
	倒伏率（%）	倒伏发生时期	倒伏率（%）	倒伏发生时期
6	0.9±0.1e	成熟期	12.8±0.2e	灌浆期、成熟期
9	2.5±0.3d	成熟期	16.4±1.3de	灌浆期、成熟期
12	5.7±0.6cd	成熟期	18.9±1.8de	灌浆期、成熟期
15	7.6±0.7bc	成熟期	20.3±1.9d	灌浆期、成熟期
18	9.3±0.9ab	灌浆期、成熟期	28.2±2.1c	灌浆期、成熟期
21	10.5±1.0a	灌浆期、成熟期	39.6±2.6b	灌浆期、成熟期
24	11.2±0.9a	灌浆期、成熟期	47.2±2.2a	灌浆期、成熟期
平均值	6.8±0.6		26.2±1.9	

灌浆期藜麦株高和茎粗均达到最大值。由表 4-44 可知，随着密度增大，株高呈先升高后降低趋势，陇藜 1 号在 18 万株/公顷处理达到峰值 196.5 厘米，K2 在 15 万株/公顷处理出现峰值 165.5 厘米；茎粗则随着密度增大呈降低趋势；K2 分枝数显著高于陇藜 1 号，且随着密度增大呈降低的趋势；藜麦单株叶面积于灌浆期达到最大值，且随密度增大单株叶面积逐渐减小。品种/系间比较，陇藜 1 号的单株叶面积显著高于 K2。

由表 4-45 可知，不同密度处理间藜麦茎秆力学特征指标存在明显差异。陇藜 1 号的茎秆折断力度、压碎强度及穿刺强度均显著高于 K2。茎秆折断力度、压碎强度及穿刺强度均随着密度增大呈逐渐降低趋势。其中，当群体密度较低时，各密度处理间茎秆折断力度、压碎强度及穿刺强度差异不显著，群体密度超过18万株/公顷处理时，茎秆折断力度、压碎强度及穿刺强度明显降低，表明18万株/公顷处理是藜麦茎秆力学特性发生反应的临界密度。

表4-44 不同密度处理下藜麦灌浆期植株形态指标比较（张永平等，2021）

品种/系	密度（万株/公顷）	株高（厘米）	茎粗（毫米）	分枝数	单株叶面积（米²）
陇藜1号	6	169.9±5.1	27.9±0.6	32.7±1.6	0.61±0.09
	9	174.4±5.2	27.1±0.5	30.7±1.5	0.59±0.09
	12	179.5±5.4	26.8±0.5	29.7±1.5	0.55±0.08
	15	187.7±5.6	25.3±0.5	28.2±1.4	0.48±0.07
	18	196.5±5.5	24.2±0.5	28.7±1.4	0.42±0.06
	21	177.5±5.3	23.2±0.4	27.5±1.4	0.36±0.05
	24	166.7±5.1	21.8±0.5	26.6±1.3	0.27±0.04
	平均值	178.9±5.4	25.2±0.5	29.2±1.5	0.47±0.08
K2	6	131.3±3.9	24.7±0.4	39.7±2.0	0.52±0.08
	9	141.5±4.0	23.8±0.4	38.3±1.9	0.49±0.07
	12	148.6±4.5	22.4±0.4	36.7±1.9	0.44±0.07
	15	165.5±4.6	22.4±0.5	34.5±1.8	0.38±0.06
	18	159.4±4.8	21.9±0.3	33.2±1.7	0.27±0.04
	21	153.2±4.6	20.7±0.4	32.3±1.7	0.24±0.04
	24	136.8±4.2	19.4±0.4	31.9±1.6	0.21±0.03
	平均值	148.0±4.4	22.2±0.4	35.2±1.8	0.36±0.06

由表4-46可知，不同种植密度下两个藜麦品种的千粒重无显著差异，而陇藜1号的单株粒重显著低于K2，而产量显著高于K2。随着种植密度增加，单株粒重明显降低，千粒重以24万株/公顷处理表现最低。陇藜1号的产量以18万株/公顷处理表现最高，为5 921.7千克/公顷，K2最高产量出现在15万株/公顷处理，为5 015.3千克/公顷，密度过高或过低籽粒产量均合显著下降。

表 4-45　不同密度处理下藜麦灌浆期茎秆力学特征指标变化

品种/系	密度（万株/公顷）	折断力度（牛）	压碎强度（牛/厘米^2）	穿刺强度（牛/毫米^2）
陇藜1号	6	121.3±6.1	257.3±6.9	73.5±3.0
	9	117.3±5.9	230.4±7.7	75.7±2.9
	12	114.4±5.7	233.2±7.0	71.2±2.8
	15	101.9±5.2	226.6±7.0	69.5±2.8
	18	103.7±5.1	232.6±6.8	69.9±2.8
	21	94.6±4.5	225.9±6.8	63.8±2.5
	24	89.9±4.7	224.1±6.7	63.1±2.6
K2	6	113.3±5.7	216.3±6.4	68.4±2.7
	9	109.2±5.5	213.6±6.5	67.5±2.7
	12	103.6±5.1	211.7±6.4	63.9±2.5
	15	102.7±5.2	212.7±6.4	63.4±2.6
	18	98.2±4.2	202.7±5.9	57.5±2.3
	21	83.7±4.9	195.9±5.8	52.5±2.1
	24	78.6±3.9	192.7±6.1	41.2±1.6

表 4-46　不同密度处理下藜麦产量性状的差异（张永平等，2021）

品种/系	密度（万株/公顷）	单株粒重（克）	千粒重（克）	产量（千克/公顷）
陇藜1号	6	75.9±2.5	2.4±0.06	3 705.2±148.2
	9	62.6±3.0	2.4±0.07	4 548.3±189.0
	12	53.4±1.9	2.1±0.07	4 725.5±181.9
	15	47.3±2.1	2.3±0.07	5 185.3±207.4
	18	46.5±1.9	2.3±0.06	5 921.7±236.9
	21	35.4±1.0	2.1±0.07	5 372.4±214.9
	24	25.8±1.4	2.0±0.07	4 428.0±177.1

（续）

品种/系	密度（万株/公顷）	单株粒重（克）	千粒重（克）	产量（千克/公顷）
K2	6	87.2±3.1	2.2±0.07	3 889.3±155.6
	9	76.8±3.5	2.4±0.07	4 238.1±169.8
	12	62.8±2.1	2.4±0.06	4 879.7±195.3
	15	52.6±2.5	2.3±0.06	5 015.3±200.5
	18	45.1±1.8	2.1±0.06	4 682.0±187.6
	21	41.3±1.6	2.0±0.06	4 220.3±168.2
	24	39.0±1.7	2.0±0.05	3 961.5±158.9

此外，包振萍等（2023）在甘肃天祝地区开展的 4 个藜麦品种种植密度试验表明：蒙藜 4 号+9.75 万株/公顷、陇藜 4 号+10.5 万株/公顷、条藜 2 号+9 万株/公顷的产量位居前三名，建议在生产中优先采用。陇藜 1 号+9 万株/公顷的产量较高（整体排名第七），为 3 002.1 千克/公顷，可作为陇藜 1 号品种的增产处理。

张亚萍等（2023）以陇藜 1 号和蒙藜 4 号为材料，在甘肃省武威市天祝县松山镇，以播种期为主处理、种植密度为副处理开展的裂区试验结果表明：天祝地区藜麦种植的适宜播种期为 5 月中旬，适宜种植密度为 9.0 万株/公顷。处理 D3P2（播种期为 5 月 15 日，密度为 9 万株/公顷）产量最高，分别比处理 D1P3（播种期为 4 月 15 日，密度为 10.5 万株/公顷）和处理 D2P2（播种期为 4 月 30 日，密度为 9.0 万株/公顷）的产量高 82.84%和 79.88%。

邢喻等（2023）以大白藜和青藜 5 号为参试品种，设置 3 个钾肥水平（37.5、75.0、112.5 千克/公顷），3 个氮肥水平（225.0、300.0、375.0 千克/公顷），3 个磷肥水平（300.0、375.0、450.0 千克/公顷），3 个种植密度（9、10.5、12 万株/公顷），采用随机区组设计和正交回归试验，探索钾肥、氮肥、磷肥和种植密度对藜麦农艺性状和产量的影响。结果显示，大白藜的最优组合是钾

(KCl) 75.0 千克/公顷，纯氮 (N) 225.0 千克/公顷，磷 (P_2O_5) 450.0 千克/公顷，密度 12 万株/公顷，影响因素依次是氮肥、钾肥、密度和磷肥。青藜 5 号的最优组合是钾 (KCl) 37.5 千克/公顷，纯氮 (N) 225.0 千克/公顷，磷 (P_2O_5) 450.0 千克/公顷，密度 12 万株/公顷，影响因素依次是密度、氮肥、钾肥和磷肥。当种植密度较大时，大白藜适当增加钾肥、氮肥、磷肥，青藜 5 号适当增加钾肥、氮肥的用量以提升产量。

李斌 (2021) 探索了藜麦在甘肃省武威市天祝县土壤气候条件下，9 个密度下藜麦的植株及产量表现，结果表明：密度为 7.5 万株/公顷的藜麦产量显著高于其余所有处理；密度为 6 万株/公顷和 9 万株/公顷的藜麦产量显著高于其余处理。综合考虑各密度处理下藜麦的农艺性状和产量，在天祝地区种植密度可选择 6 万～8 万株/公顷，产量为 3 007.35～3 088.8 千克/公顷。

刘延安 (2023) 在青海省海西州乌兰县以三江藜 1 号为试验对象，设置 6.0、7.5、9.0、10.5 万株/公顷共 4 个种植密度，分析藜麦产量在不同种植密度下的表现。结果表明：7.5 万株/公顷处理的穗数、百粒重分别为 92 804.69 穗/公顷、36.60 克，高于其他处理；6 万株/公顷处理的穗粒数最大，为 652.47 粒，与 7.5 万株/公顷处理无显著差异；产量以 7.5 万株/公顷处理的最大，为 18 597.41 千克/公顷，显著高于其他处理，建议在该地区种植三江藜 1 号，选择 7.5 万株/公顷的种植密度。

魏志敏等 (2022) 以燕藜 1 号为试验材料，设置行距设 30、40、50 厘米，株距 15、20、25、30 厘米，共 12 个处理组合来研究藜麦个体的株高、冠径、根的干鲜重、穗粒重等因素和群体产量之间的关系。结果表明，藜麦在密度为 1 万株/公顷 (行距 40 厘米、株距 25 厘米) 时产量最高。

李明轩 (2018) 以陇藜 1 号为试验材料开展氮肥用量和种植密度两因素试验。氮肥设置 50、100、150 千克/公顷 3 个水平，密度设置 5、10、15 万株/公顷 3 个水平。结果表明：藜麦在中等密度 10 万株/公顷时，单株穗重、单株粒重中等，穗粒率高且千粒重大，产量也最高，在吉林省平原区黑钙土上适宜密度建议 10 万株/公顷左右。

总之，不同藜麦品种对种植密度和施肥量的需求存在差异，需要依据播种环境和品种间的差异特性探索高产、高效的栽培技术。从品种角度考虑，紧凑型品种宜密，平展型品种宜稀，早熟品种宜密，晚熟品种宜稀，矮秆品种宜密，高秆品种宜稀；从地力和肥水条件考虑，肥地宜密，瘦地宜稀，肥水条件好宜密，肥水条件差宜稀；此外，从种植形式考虑，凡是有利于通风透光的种植形式都应当增大密度，反之则相应减少密度。

参考文献

Bertero H D. 2003. Response of developmental processes totemperature and photoperiod in quinoa (*Chenopodium quinoa* Willd.) [J]. Food Reviews International, 19 (1-2): 87-97.

Jacobsen S E, Monteros C, Christiansen J L, et al. 2005. Plant responses of quinoa (*Chenopodium quinoa* Willd.) to frost at various phenological stages [J]. European Journal of Agronomy, 22 (2): 131-139.

包振萍. 2023. 甘肃天祝地区 4 个优选藜麦品种种植密度筛选 [J]. 农业科技与装备 (5): 11-14.

陈翠萍，闫殿海，刘洋，等. 2022. 不同前茬作物对藜麦生长及产量的影响耕作与栽培 [J], 42 (6), 10-13, 18.

惠薇，王斌，李丽君，等. 2021. 钾肥对藜麦生长及养分吸收的影响 [J]. 山西农业科学，49 (6): 734-738.

康小华，沈宝云，王海龙，等. 2017. 不同氮肥施用量及基追比对藜麦产量及经济性状的影响 [J]. 农学学报，7 (12), 34-37.

李明轩. 2018. 密度与氮肥水平对藜麦生育性状及产量的影响 [D]. 长春：吉林农业大学.

李旭青，道丽筠. 2023. 乌兰县藜麦“3414”田间肥效试验 [J]. 现代农业科技 (8): 31-34.

李斌，赵军，唐峻岭. 2021. 不同种植密度对藜麦生长及产量等性状的影响 [J]. 农业科技通迅 (7): 64-67.

刘瑞芳，贠超，申为民，等．2016. 安阳地区藜麦品种对比试验［J］. 现代农业科技（9）：44，49.
刘小月，任永峰，赵志媛，等．2023. 滴灌对内蒙古阴山北麓藜麦水分利用及产量的影响［J］. 北方农业学报，2023，51（4）：56－63.
刘延安．2023. 不同种植密度对藜麦籽粒含水率和产量的影响［J］. 南方农业，17（14）：40－42.
刘阳．2019. 磷钾肥与藜麦农艺性状及产量的关系研究［D］. 吉林农业大学，1－45.
庞春花，张紫薇，张永清．2017. 水磷耦合对藜麦根系生长、生物量积累及产量的影响［J］. 中国农业科学，50（21）：4107－4117.
任永峰，黄琴，王志敏，等．2018. 不同化控剂对藜麦农艺性状及产量的影响［J］. 中国农业大学学报，23（8）：08－16.
田娟，魏黎明，冷廷瑞，等．2021. 藜麦盆栽除草剂安全性试验［J］. 农业科技通讯（4）：118－125.
魏志敏，盖颜欣，裴美燕，等．2022. 藜麦播种密度对个体和群体关系的影响［J］. 农业科技通讯（12）：143－146.
邢喻．2023. 不同施肥水平和种植密度对藜麦农艺性状及产量的影响［J］. 青海农技推广（3）：11－17.
杨科，刘文瑜，王旺田，等．2021. 连作对藜麦生长和生理特性的影响［J］. 江西农业大学学报，43（2），244－252.
翟西均．2016. 藜麦品种区域试验记载项目与标准［J］. 中国种业（5）：25－26.
张桂芬，张金良，万方浩，等．2017. 甜菜筒喙象在藜麦上大暴发［J］. 植物保护，43（2）：202－207.
张庆宇，李永一，王光达，等．2018. 不同除草剂对藜麦田禾本科杂草的防除效果［J］. 黑龙江农业科学（7）：64－67.
张亚萍，杜雷超，孙建蓉，等．2023. 播期和密度对不同藜麦品种农艺性状和产量的影响［J］. 大麦与谷类科学，40（1）：36－42.
张永平，潘佳楠，郭占斌，等．2021. 不同种植密度对藜麦群体抗倒伏性能及产量的影响［J］. 华北农学报，36（4）：108－115.

CHAPTER 5
第五章

藜麦病虫草害防治体系

藜麦上的主要虫害为甜菜筒喙象。该虫世代重叠，危害隐蔽，难以及时发现，2016 年在北京发生面积达 85%，虫株率达 50%～70%，严重地块高达 100%，造成藜麦普遍倒伏，对藜麦生产造成严重危害。北京市农业技术推广站经与中国农业科学院植物保护研究所、北京市植保站联合攻关，2016 年在国内首次发现并鉴定了藜麦上的甜菜筒喙象，经 2016—2017 年田间观察及试验摸清了北京地区藜麦甜菜筒喙象年生活史和生物学特性。研究提出甜菜筒喙象化学防治措施，即 5 月中旬至 6 月中旬，当百株产卵孔达 10～16 个时，用 4.5%高效氯氰菊酯乳油 1 700 倍液及 20%氯虫苯甲酰胺 150 毫升/公顷在成虫产卵初期喷防，药后 7 天防效可达 91.2%；配合检验检疫、轮作倒茬、秋冬铲除杂草，可起到更好的防治效果。

除甜菜筒喙象外，北京藜麦上还发现甜菜夜蛾、苜蓿盲蝽、双斑萤叶甲、芫菁、叶蝉、尺蠖、蚜虫等，但主要以甜菜筒喙象危害最重，其他害虫可与甜菜筒喙象同时进行药剂防治，不需单独防治。

藜麦上的主要病害是钉孢叶斑病、茎点霉叶斑病和笄霉茎腐病。钉孢叶斑病始发于 7 月上中旬，病害从下而上蔓延，如防治不及时，8 月中下旬至 9 月初，叶斑逐渐扩展到整个叶面，叶面脱水变黄，甚至枯死脱落。笄霉茎腐病始发于 7 月中下旬至 8 月初，病株顶端及茎秆部位出现腐烂症状，雨后高温，病原菌传播速度加快，如防治不及时，8 月中下旬至 9 月初，染病植株顶梢枯死，植株倒伏、萎蔫，最终整株枯死。2017 与中国农业科学院作物科学研究所合作，在国际上首次鉴定了藜麦笄霉茎腐病，2018 年与北京市农林科学院合作，在国际上首次发现了 1 个藜麦叶斑病病原新种。筛选出 2 种防治藜麦叶斑病效果较好的药剂，即 43%氟菌·肟菌酯悬浮剂 225 克/公顷或 43%戊唑醇悬浮剂 900 毫升/公顷，药后 15 天防效分别达到 84.1%和 81.9%。筛选出笄霉茎腐病防治药剂戊唑醇，室内毒力测定结果表明在 50、100、150、200 毫克/毫升 4 种浓度梯度下，对笄霉茎腐病的抑菌率均可达到 100%。

第一节　甜菜筒喙象

甜菜筒喙象（*Lixus subtilis* Boheman），又名甜菜茎象甲，属于鞘翅目象甲科方喙象亚科筒喙象族，主要危害甜菜，亦可危害藜科、蓼科、苋科的一些野生杂草。甜菜筒喙象国内外均有分布，国外主要分布于欧洲、高加索、中亚细亚、伊朗、日本、叙利亚等地，为世界潜在入侵象虫网（Potential Invasive Weevils of the Word）列入的主要象甲类害虫之一；在我国主要分布黑龙江、吉林、辽宁、北京、河北、内蒙古、山西、陕西、甘肃、新疆、上海、江苏、浙江、安徽、四川、湖南、江西等地。在欧洲多数国家该虫发生普遍且并非甜菜的主要害虫，但在俄罗斯、乌克兰、保加利亚以及中国的部分地区却是甜菜苗期和留种甜菜的一种重要害虫。甜菜筒喙象主要以幼虫蛀食甜菜的花茎、叶柄和茎秆进行危害，危害株率达 19%～80%，严重地块高达 100%，影响植株营养输送，造成叶片干枯，使甜菜产量和品质受到严重影响。

以往国外的研究显示，在田间取食危害藜麦的害虫共计有 6 目、18 科 50 余种，其中鳞翅目有 4 科 24 种，鞘翅目 6 科 15 种，半翅目 5 科 13 种，缨翅目 1 科 2 种，双翅目 1 科 1 种，直翅目 1 科 1 种；在鞘翅目中虽有多种象甲科昆虫可以危害藜麦，但均为 *Adioristus* 属的种类。我国的初步调查结果表明，藜麦苗期害虫有叩头甲和黄曲条跳甲，现蕾期害虫有蝽、叶甲以及夜蛾科害虫，灌浆期至成熟期害虫有鳞翅目蛾类幼虫、蝽和叶甲，成熟期蚜虫数量比较多。截至2016年，国内外未曾有关于甜菜筒喙象危害藜麦的报道。

2016年，首次在国内发现甜菜筒喙象在藜麦上发生危害，并经2016—2017年的田间观察和试验，掌握摸清了北京地区藜麦甜菜筒喙象年生活史和生物学特性，明确了防治指标；此外，还提出甜菜筒喙象的综合防治措施。

一、发生情况及危害特点

（一）发生情况

甜菜筒喙象是2016年新发现的一种严重危害藜麦的害虫，由于藜麦的引进种植，原来的生态环境改变了，甜菜筒喙象随之成为危害藜麦的主要害虫。2016年，在北京延庆、门头沟、房山和怀柔等藜麦种植区均有甜菜筒喙象严重发生，发生面积占全市藜麦种植面积的85%。在发生甜菜筒喙象的藜麦田有虫株率为50%～70%，严重地块高达100%，而且倒伏现象普遍（彩图5-1），甜菜筒喙象的危害直接影响了藜麦的产量和品质，给藜麦的生产带来了极大损失。如延庆区的永宁镇以及门头沟区的雁翅镇和斋堂镇，8月初有10%～30%的植株倒伏，1个月以后，永宁镇的藜麦又有80%以上的植株干枯死亡。进一步对茎秆剖查发现，7月中下旬至8月中旬，平均单株有虫5.6头（表5-1），而且成虫、卵、各龄期幼虫以及蛹同时存在，世代重叠，极不整齐，一经发现，甜菜筒喙象已经造成了藜麦茎秆中空倒折，药剂防治已无力回天。

表5-1 2016年北京市各区藜麦甜菜筒喙象发生危害情况

地区	种植面积（公顷）	发生面积（公顷）	发生率（%）	有虫株率（%）	单株虫量（头）	减产率（%）
延庆	1.33	1.33	100	100	6.3±0.5（4～8）	100
房山	6.67	4.33	65	50	4.9±0.5（3～7）	79

（续）

地区	种植面积（公顷）	发生面积（公顷）	发生率（%）	有虫株率（%）	单株虫量（头）	减产率（%）
门头沟	5.33	4.00	75	70	5.6±0.3（3～7）	83
怀柔	0.40	0.40	100	100	—	—
合计	13.73	10.07	—	—	—	—
平均	—	—	85.0±8.9	80.0±12.2	5.6±0.4	87.3±6.4

（二）危害特点

甜菜筒喙象隐蔽危害，难以及时发现。成虫将卵产在寄主植物组织中，若不加以注意，很难发现；1～4龄幼虫在茎秆中蛀食危害，早期或虫口密度较低时植株整体上看并无任何受害迹象；幼虫老熟后在茎秆内化蛹，初羽化成虫亦会在茎秆中停息数小时，之后从羽化孔爬出；成虫取食叶片，畏惧强光，晴天中午前后多潜伏。因此，只有当植株成片倒伏时，人们才注意到它的存在，然而，此时防治已为时过晚，起死回生无望。如2016年最初发现甜菜筒喙象危害藜麦，就是由于暴风雨后藜麦成片倒伏方引起关注的。

（三）危害方式

甜菜筒喙象在藜麦上的危害方式主要有2种：一是以成虫在主茎和分枝上钻穴产卵，形成椭圆形或菱形小型黑褐色斑纹，并进而随组织增生膨大成结，结疤干枯沿边缘裂开，使病菌乘虚而入，诱发病害发生，致使叶片凋萎、果穗腐烂夭折；二是以幼虫在主茎和分枝的内部输导组织中蛀食危害，造成隧道并导致输导组织变褐、坏死，严重影响植株的营养输送，还常常造成主茎和侧枝折断、籽实灌浆不饱满形成瘪粒，致使藜麦严重减产（彩图5-2）。

二、形态特征（彩图5-3和彩图5-4）

（一）卵

卵圆柱形，长1毫米，宽0.6毫米，两端略圆，初产时橘黄色，后变为棕褐色，表面略带光泽，常产在划破的主茎或分枝穴内，每穴 1～3 粒。

（二）幼虫

幼虫胸足退化。初孵幼虫略带淡黄色，后变为白色；1 龄和 2 龄幼虫多在产卵孔附近取食，体长分别为 1.8 和 3.1 毫米，半透明；3 龄和 4 龄幼虫体长分别为 5.1 和 9.6 毫米。通常，每株有幼虫 1 头，少数 2～3 头，严重者一株可达 5 头以上。老熟幼虫体柔软弯曲呈 C 形，乳白色，多皱纹，头部发达，黄色，明显深于体色；上颚发达，颜色深于头部其他部分；单眼 1 对，明显；前胸背板骨化；幼虫活泼，稍触即扭动。藜麦上的调查结果显示，每株虫量（包括卵、幼虫、蛹和成虫）最高可达 8 头。

（三）蛹

幼虫老熟后在茎秆下部化蛹，裸蛹，翅芽透明，体长 10.5 毫米，体宽 2.9 毫米；初化蛹为乳白色，之后头部和腹部背面逐渐变为棕褐色。羽化前可见黑色眼点，喙、口器变成棕红色。蛹室由食物残渣和粪便填成，1 个蛹室只有 1 头蛹。由于雌虫寿命较长，产卵期亦较长，故幼虫化蛹极不整齐。

（四）成虫

成虫体色多变，正在交配的成虫多为灰褐色。初羽化时黄白色，6～7 小时后变为红棕色，进而变为棕褐色或深褐色，甚至黑色。喙与前胸背面与腹面覆有棕褐色绒毛，此时成虫从羽化孔中爬出。成虫鞘翅上被有黄粉，怕强光，在强光下喜躲藏于土粒、枯叶下或土缝间，有较强的假死性。成虫体长 9～12 毫米，身体细长，覆很细的毛，鞘翅背面散布不明显的灰色毛斑，腹部两侧往往散布灰色或略黄的毛斑。触角和跗节赤锈色；喙略弯曲，散布距离不等的显著皱刻点，通常有隆线，一直到端部，披覆倒伏细毛；雄虫的喙长为前胸的 2/3，雌虫喙长为前胸的 4/5，几乎不粗于前足腿节。触角位于喙中部之前，索节 1 略长且粗于索节 2。眼卵圆形、扁。前胸圆锥形，两侧略拱圆，前缘后未缢缩，两侧披覆略明显的毛纹，背面散布大而略密的刻点，刻点间散布小刻点。鞘翅的肩不宽于前胸，基部有一明显的圆洼，肩略隆。两侧平行或略圆，行纹明显，刻点密，行间扁平，端部突出成短而钝的尖，略开裂。腹部散布不明显的斑点，足细长。

三、生物学特性

（一）年生活史

研究发现，甜菜筒喙象在内蒙古等地每年发生1～2代，以成虫在背风向阳的堤埂或土缝中越冬，第1代幼虫发生数量最大，危害较重。

在北京地区，一年发生1～2代，5月左右越冬代成虫陆续出土，5月上旬至6月上旬成虫大量出现，并开始产卵，6月中下旬为产卵盛期。卵期4～6天；幼虫共计4个龄期，其中1龄幼虫期3～4天，2龄6～9天，3龄3～5天，4龄3～4天，整个幼虫期共计15～22天；蛹期7～8天，化蛹时间主要集中在7月20日前后；当年一代成虫7月中旬始见，下旬为羽化盛期，8月初第1代成虫取食危害最为集中。第2代发生数量远不及第1代，且发生不整齐。此外，由于该象甲成虫羽化时间很长，产卵期亦较长，故田间世代重叠现象十分严重。

观察发现，7、8月间甜菜筒喙象在藜麦上的发生亦非常不整齐，重叠现象严重。如8月中旬对田间受害藜麦植株进行解剖调查时，既发现了卵、初孵幼虫和2龄幼虫，也观察到了3龄、4龄幼虫以及蛹和成虫的同时存在。

（二）生活习性

春季越冬代成虫出土2～4天后即可交配，且可以多次交配。北京地区6月上旬越冬代成虫即可产卵，产卵前通常在作物茎秆上部咬成深洞，产卵后以食物残渣和碎屑遮蔽洞口，不久洞口形成小型黑斑；并进而导致组织增生、膨大、干裂，受害茎秆极易折断。雌虫每2～3分钟产1粒卵，一生可以产卵50～100粒，以中等粗细（4～6毫米）的茎秆上着卵最多；成虫寿命较长，可存活40～60天。1龄和2龄幼虫主要在产卵孔附近取食；3龄幼虫开始蛀食作物茎秆，或向下蛀食，或先向上再向下蛀食；幼虫老熟后在作物茎秆下部化蛹，蛹室以食物残渣和粪便填充。成虫羽化后先在茎秆中停留数小时，方从羽化孔中爬出。成虫具有假死性，畏惧强光，飞行能力不强。

在藜麦上的调查发现，甜菜筒喙象成虫产卵以后并非遮蔽产卵洞口，洞口外观光滑，周边褪绿形成粉红色或淡紫红色不规则长形斑纹，不久洞口形成菱形或椭圆形干裂褐色斑。

在延庆地区进行定点10天的观察时发现，在长满藜科、蓼科、苋科的杂草堆中发现甜菜筒喙象成虫。在10：30、16：30、19：00左右皆发现成虫，且在上午时段、温度较高时成虫数量较多。甜菜筒喙象不喜欢阳光直射，在田间观察到的成虫皆在背阴处，常通过杂草遮挡阳光。

（三）产卵方式和植株选择

6月上旬为该成虫产卵高峰期，这段时期所观察到的成虫多数正在交配，交配地点一般在藜科、蓼科、苋科植株的茎秆和叶片上，产卵部位一般在植株的茎秆和侧枝上。该虫喜欢将卵产于茎秆较嫩的植株，一般先在植株茎秆或侧枝上咬出一个小口，再将卵产入小孔内，有时会留一些粪便在其中。每个小孔一般产1～2粒卵。产卵选择的植物一般为藜科、苋科、蓼科植株。调查中发现，甜菜筒喙象在地肤上有4～6个产卵孔相连接，1棵植株上多则有17个产卵孔，剥开后可在茎秆里发现大量卵；在有些茎秆较为幼嫩的藜科和苋科植株上也发现有10个以上产卵孔。当植株茎秆较硬时，不利于该成虫产卵，对茎秆内卵的孵化有一定的抑制作用。在野生灰灰菜上，当植株长到160厘米时，茎秆此时已经较硬，其上的产卵孔已经干涸，并且一段时间内，植株茎秆上产卵孔数量并未增加，植株生长依旧良好，剥开后未能发现卵和幼虫。

四、防治方法

比较了药剂拌种、土壤处理、药剂喷雾3种方式对甜菜筒喙象的防治效果。

（一）药剂拌种

播种前对种子进行包衣处理，用药量为 600 克/升吡虫啉悬浮种衣剂（高巧）30 毫升＋60 克/升戊唑醇悬浮种衣剂（立克秀）5 毫升拌 10 千克藜麦种子。结果表明，拌种后的藜麦植株上均不可避免有产卵孔。

（二）土壤处理

每公顷撒施 450 千克 3％辛硫磷颗粒剂。辛硫磷可防治地下害虫，但土壤处理后的藜麦植株上均不可避免有产卵孔。

（三）药剂喷雾

达到防治指数即进行药剂喷雾是防治该虫害的最佳办法。喷药后，已带有产卵孔、发生倒伏的植株不再增加，且藜麦主茎上的产卵孔愈合结节，内部虫卵无法孵化，多雨天气，藜麦田也不再发生倒伏。同时，药剂喷雾还可有效防治盲蝽类害虫咬食花序及叶片，保证了藜麦的健康成长。

1. 防治适期

甜菜筒喙象的防治适期为越冬代成虫出土盛期和当年 1 代幼虫孵化盛期，且应以防治成虫为主。据此，防治关键时期为 5 月中旬至 6 月中旬，该时期为第 1 代甜菜筒喙象在藜麦上产卵的重要时期。

2. 防治指标

在北京地区，当藜麦出苗后有成虫 300～420 头/公顷，或有产卵孔每 100 株 10～15 个时，应立即采取防治措施。

3. 药剂浓度

2017 年，以陇藜 2 号为试验对象，设置 A（清水对照）、B（4.5％高效氯氰菊酯乳油 1 300 倍液）、C（4.5％高效氯氰菊酯乳油 1 700 倍液）、D（4.5％高效氯氰菊酯乳油 2 200 倍液）4 个处理。施药时间为 6 月 12 日，使用细喷雾均匀喷雾。通过植株上的产卵孔数量观察其防效。观察施药当天及施药后 3、5、7 天植株上产卵孔数量，并计算相对防效（表 5－2 至表 5－6）。

表 5-2 不同处理药后田间藜麦植株产卵孔数量

单位：个

处理	药后 3 天			药后 5 天		药后 7 天	
	产卵孔初始数量	产卵孔数量	增加数量	产卵孔数量	增加数量	产卵孔数量	增加数量
A	54	67	13	93	39	111	57
B	50	51	1	53	3	54	4
C	57	58	1	60	3	62	5
D	52	55	3	61	9	66	14

表 5-3 不同浓度 4.5%高效氯氰菊酯乳油防治藜麦甜菜筒喙象的效果

单位：%

项目	处理 2	处理 3	处理 4
药后 3 天	92.3	92.3	76.9
药后 5 天	92.3	92.3	76.9
药后 7 天	92.9	91.2	75.4

表 5-4 不同处理药后 3 天防效比较

处理	产卵孔初始数量（个）	标准误	显著性	药后 3 天								
				产卵孔数量（个）	标准误	显著性	增加数量（个）	标准误	显著性	3 天相对防效（%）	标准误	显著性
A	54	1.155	a	66.67	0.333	c	12.67	0.882	c	0	0	—
B	50	1.155	a	53.00	0.577	a	3.00	0.577	a	76.32	0.045 5	b
C	57	1.155	a	61.00	1.000	b	4.00	0.577	a	68.42	0.045 5	b
D	52	1.155	a	61.33	0.333	b	9.33	0.882	b	26.32	0.069 0	a

表 5-5 不同处理药后 5 天防效比较

处理	产卵孔初始数量（个）	标准误	显著性	药后5天								
				产卵孔数量（个）	标准误	显著性	增加数量（个）	标准误	显著性	5天相对防效（%）	标准误	显著性
A	54	1.155	a	93.33	1.764	d	39.33	0.667	c	0	0	—
B	50	1.155	a	57.00	0.577	a	7.00	0.577	a	82.20	0.015	b
C	57	1.155	a	65.33	0.882	b	8.33	0.333	b	78.81	0.009	b
D	52	1.155	a	69.33	0.667	c	17.33	0.667	b	55.93	0.017	a

表 5-6 不同处理药后 7 天防效比较

处理	产卵孔初始数量（个）	标准误	显著性	药后7天								
				产卵孔数量（个）	标准误	显著性	增加数量（个）	标准误	显著性	7天相对防效（%）	标准误	显著性
A	54	1.155	a	111.00	0.577	d	57.00	1.000	d	0	0	—
B	50	1.155	a	58.67	1.856	a	8.67	0.882	a	84.80	0.015	c
C	57	1.155	a	69.00	1.528	b	12.00	0.577	b	78.95	0.010	b
D	52	1.155	a	76.00	2.082	c	24.00	1.000	c	57.89	0.017	a

（四）结论

1. 甜菜筒喙象主要通过在藜麦茎秆中产卵危害藜麦

卵在茎秆中孵化成幼虫，然后进行取食，导致藜麦倒伏。通过产卵孔的增加数量可较为直观地观察出高效氯氰菊酯对甜菜筒喙象的防治效果。综合考虑经济情况和食品安全性，4.5%高效氯氰菊酯乳油 1 700 倍液更适合田间使用。在成虫产卵初期，及时喷药可以有效防治甜菜筒喙象。

2. 避免单一用药产生抗药性

4.5%高效氯氰菊酯乳油对藜麦甜菜筒喙象的防治效果很好，为避免多次使用同一种药剂而使该虫产生抗药性，建议和其他杀虫剂轮换使用。

3. 药效安全

4.5%高效氯氰菊酯乳油在藜麦上使用没有产生药害。

（五）其他综合防治措施

1. 植物检疫

在种植藜麦前，北京地区极少发现甜菜筒喙象的发生与危害。2016 年在藜麦上的大暴发，其具体虫口来源尚无依据。然而，根据其生活习性及其发生特点，甜菜筒喙象极有可能借助携带有卵和初孵幼虫的寄主植物种苗进行远距离传播扩散。因此，应加强藜科、苋科和蓼科植物，包括藜麦以及食用型和观赏型甜菜、苋菜等种苗调运中的检验检疫工作，严防甜菜筒喙象传入及进一步扩散蔓延。

2. 农业防治

早春杂草是甜菜筒喙象的先期寄主，后期又成为其较安全的化蛹场所。因此，秋季铲除并彻底销毁田边地头的杂草，尤其是苋科、藜科、蓼科的杂草，能显著减少甜菜筒喙象的虫口数量。此外，适时冬耕冬灌也可明显降低越冬成虫的虫口基数，减轻来年危害。

3. 化学防治

采用氟虫氰、高效氯氰菊酯等触杀兼胃毒的高效低毒药剂喷杀成虫，注意轮换用药；此外，亦可利用成虫的假死和畏惧强光的习性，于藜麦行间撒施毒土进行防治。针对钻蛀危害的各龄期幼虫，可在当年 1 代幼虫孵化盛期喷施氯虫苯甲酰胺等内吸性杀虫剂，或以 1∶3 的药油比例涂茎，来杀灭初孵幼虫。

4. 生物防治

田间发现甜菜筒喙象卵寄生蜂 1 种。另据报道，尚有 3 种寄生蜂可以寄生甜菜筒喙象幼虫，其常年寄生率可达 13.4%，应予以保护利用。此外，据文献查询，在欧洲的斯洛伐克，姬蜂科对甜菜筒喙象的幼虫具有良好的控制作用，田间寄生率可达 50%，可考虑引进并进行评价利用。

第二节　叶斑病

目前，藜麦叶斑病危害较重的有茎点霉叶斑病、钉孢叶斑病和笄霉茎腐病。病害一般进入7月开始发生，随着雨季到来，发病逐渐加重，7月下旬至8月上旬进入发病高峰。当植株病株率达10%开始喷药防治，选用的药剂有甲基硫菌灵、丙环唑、氟菌·肟菌酯、戊唑醇等，用量按说明书。每隔7天再喷一次，注意轮换用药。

一、发生情况

北京地区藜麦叶斑病的始发期在7月中上旬，田间始见病株，7月下旬随着病原菌的逐步积累，病株数逐渐增加。8月上旬，伴随降雨，田间病叶呈现普遍发生状态，病斑从下而上蔓延，病叶上可观察到明显的分生孢子器，为病原菌的积累期。8月中下旬至9月初，叶斑、逐渐扩展到整个叶面，叶片脱水变黄，甚至出现枯死脱落。除品种、栽培等因素影响，成株期雨量大、雨日多、空气湿度大有利于病原菌的侵染，病害发生早且重。其中，陇藜1号、陇藜3号等品种叶斑病发生较重，北京市平均发病率为40%，较重的区发病率为70%。

（一）钉孢叶斑病

1. 田间表现症状

在叶片上病斑圆形至卵圆形，有时受叶脉限制呈不规则形，直径1～9毫米；严重时几个病斑合并成大斑块。病斑中央灰白色至灰黑色，边缘深褐色或红色，周围有浅黄色至黄绿色晕圈（彩图5-5）。

2. 病原

病原为藜钉孢。子实体叶两面生，子座气孔下生或叶表皮下生，球形。分生孢子梗簇生于子座上，直立至弯曲，不分枝，产孢部分合轴式延伸。分生孢子单生，圆柱形至倒棒形，无色，有隔膜，顶部钝圆，基部倒圆锥形平截至近平截，基脐明显，大小

（25～98）微米×（5～10）微米（图 5-1）。

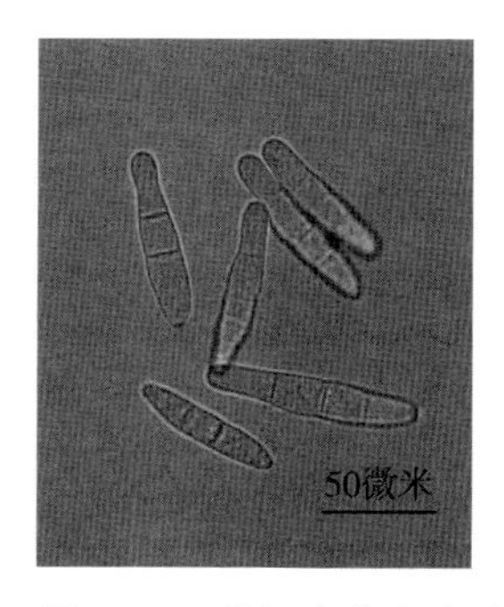

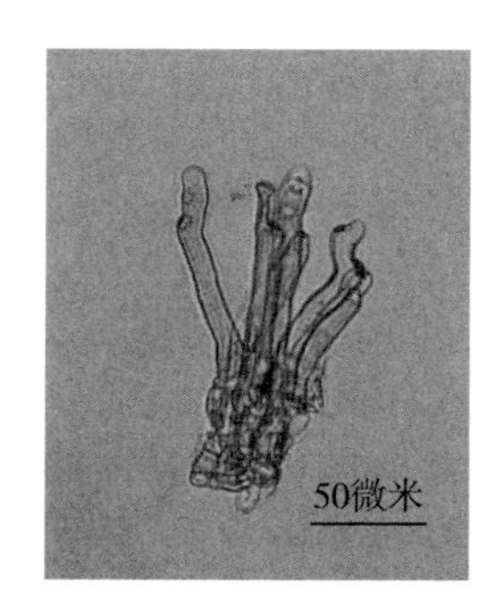

图 5-1 藜钉孢分生孢子（左）和分生孢子梗（右）

3. 防治药剂筛选

为筛选防治藜麦钉孢叶斑病的高效安全药剂，2018 年在延庆区永宁镇南山健源生态园以陇藜 1 号为试验材料，在藜麦钉孢叶斑病发病前期，对多种杀菌剂在不同浓度下的防效以及对藜麦的安全性进行了田间药效试验。

试验共设 12 个处理，3 次重复，计 36 个小区，每小区面积 20 米^2，随机区组排列。试验药剂兑水稀释，采用静电喷雾器（WS-18D）针对藜麦中上部均匀喷雾施药。每公顷施用药液 450 千克，分别于 7 月 25 日、8 月 1 日施药。试验药剂浓度设置见表 5-7。

表 5-7 试验药剂浓度设置

处理	药剂	浓度
1	75%百菌清可湿性粉剂	1 500 克/公顷
2	75%百菌清可湿性粉剂	1 800 克/公顷
3	70%甲基硫菌灵可湿性粉剂	800 倍液
4	70%甲基硫菌灵可湿性粉剂	1 000 倍液
5	48%氰烯·戊唑醇悬浮剂	225 毫升/公顷
6	48%氰烯·戊唑醇悬浮剂	300 毫升/公顷

（续）

处理	药剂	浓度
7	20%三唑酮乳油	600 克/公顷
8	43%氟菌·肟菌酯悬浮剂	150 克/公顷
9	43%氟菌·肟菌酯悬浮剂	225 克/公顷
10	43%戊唑醇悬浮剂	600 毫升/公顷
11	43%戊唑醇悬浮剂	900 毫升/公顷
12	对照	—

每小区采用五点取样法，每点 5 株，每株选取中上部 10 片叶。分别于施药前、药后 7 天、药后 15 天调查各级病叶数，计算病叶率、发病指数、防治效果和药剂对藜麦的安全性。

分级标准为：0 级，无病；1 级，病斑面积占整个叶面积的 5%以下；3 级，病斑面积占整个叶面积的 6%～15%；5 级，病斑面积占整个叶面积的 16%～25%；7 级，病斑面积占整个叶面积的 26%～50%；9 级，病斑面积占整个叶面积的 50%以上。

不同药剂防治藜麦钉孢叶斑病试验结果表明（表 5－8 和表 5－9），所有处理的防治效果在 60%以上，其中，43%氟菌·肟菌酯悬浮剂 225 克/公顷和 43%戊唑醇悬浮剂 900 毫升/公顷处理对藜麦钉孢叶斑病的防治效果最好，药后 15 天的防效分别为 84.1%和 81.9%。6 种药剂对藜麦生长都很安全，没有药害。

表 5－8　不同杀菌剂防治藜麦钉孢叶斑病效果

处理	重复	防前		防后 7 天				防后 15 天			
		病叶率（%）	病情指数	病叶率（%）	病情指数	防效（%）	平均防效（%）	病叶率（%）	病情指数	防效（%）	平均防效（%）
1	1	94	33.7	81	16.7	65.8	66.8	79	18.7	70.1	69.9
	2	93	28.8	85	14.9	72.3		82	19.0	68.3	
	3	93	35.9	86	19.0	62.4		81	15.8	71.4	

（续）

处理	重复	防前		防后7天				防后15天			
		病叶率（%）	病情指数	病叶率（%）	病情指数	防效（%）	平均防效（%）	病叶率（%）	病情指数	防效（%）	平均防效（%）
2	1	98	40.2	82	18.7	67.9	67.5	83	20.4	71.8	70.9
	2	97	37.3	83	19.3	65.3		75	23.2	70.1	
	3	95	45.2	80	19.5	69.4		77	20.2	70.9	
3	1	60	26.2	63	15.1	60.3	60.6	68	16.4	65.3	65.0
	2	60	23.8	66	14.8	58.4		72	18.0	63.6	
	3	62	26.9	67	14.0	63.1		70	14.0	66.1	
4	1	62	27.5	62	15.3	61.6	61.3	70	17.0	65.7	65.1
	2	59	28.4	63	16.7	60.5		69	22.0	62.8	
	3	69	25.1	65	13.5	61.9		67	12.9	66.7	
5	1	86	43.0	76	18.2	70.8	70.4	78	18.7	75.8	75.1
	2	89	44.8	77	16.9	74.8		72	21.3	77.2	
	3	85	43.6	69	21.1	65.6		73	18.6	72.3	
6	1	94	43.8	86	18.2	71.3	71.7	80	18.0	77.2	76.8
	2	90	48.9	82	22.8	68.7		74	25.6	74.9	
	3	93	36.7	83	12.8	75.2		83	12.3	78.3	
7	1	60	20	58	10.9	62.4	61.4	61	12.5	65.4	64.5
	2	63	21.6	52	14.6	54.6		63	17.4	61.3	
	3	57	23.1	60	10.6	67.3		60	11.8	66.8	
8	1	96	44.9	78	15.8	75.7	74.9	76	15.8	80.5	81.3
	2	91	36.5	81	16	70.6		80	16.4	78.4	
	3	92	46.3	84	14.1	78.4		77	10.6	85.1	
9	1	98	51.3	82	16.2	78.2	77.9	72	14.1	84.7	84.1
	2	97	50.7	85	19.8	73.9		73	18.7	82.3	
	3	92	48.9	79	12.6	81.7		74	11.0	85.4	

（续）

处理	重复	防前		防后7天				防后15天			
		病叶率（%）	病情指数	病叶率（%）	病情指数	防效（%）	平均防效（%）	病叶率（%）	病情指数	防效（%）	平均防效（%）
10	1	71	27.3	68	13.8	65.1	64.6	65	14.6	70.3	70.2
	2	69	25.6	63	13.8	63.8		70	17.8	66.7	
	3	73	31	70	15.3	64.9		68	12.6	73.6	
11	1	88	24.7	70	9.8	72.6	72.4	71	8	82.1	81.9
	2	86	23.7	68	10	71.7		62	9.9	80	
	3	88	26	67	9.9	72.9		63	6.5	83.7	
12	1	82	25.1	100	36.4		—	100	45.3		—
	2	80	23.4	100	34.8			100	48.9		
	3	81	26.9	100	37.9			100	41.7		

表5-9　不同杀菌剂防治藜麦钉孢叶斑病防治效果的差异显著性分析

处理	防后7天均值（%）	标准误	显著性	防后15天均值（%）	标准误	显著性
1	66.833	2.904 2	abcd	69.933	0.898 8	b
2	67.533	1.197 7	bcd	70.933	0.491 0	b
3	60.600	1.365 0	a	65.000	0.737 1	a
4	61.333	0.425 6	ab	65.067	1.169 5	a
5	70.400	2.663 3	cde	75.100	1.457 2	c
6	71.733	1.888 9	def	76.800	1.001 7	c
7	61.433	3.697 9	ab	64.500	1.650 3	a
8	74.900	2.286 9	ef	81.333	1.978 5	d
9	77.933	2.255 6	ef	84.133	0.938 7	d
10	64.600	0.404 1	abc	70.200	1.992 5	b
11	72.400	0.360 6	def	81.933	1.071 3	d

（二）茎点霉叶斑病

1. 田间表现症状

发病叶片正面病斑为近圆形，直径5～8毫米，严重时几个病斑合并成大斑。病斑中央灰白色，周围有黄绿色晕圈，大多数有轮纹状排列的小黑点，为病原菌的分生孢子器（彩图5-6）。

2. 病原

分生孢子器扁球形，分生孢子无色透明，圆柱形，无隔单孢，大小为（3.7～4.4）微米×（1.4～2.1）微米。

通过组织分离发现，藜麦叶斑病的主要病原菌为茎点霉（*Phoma* sp.），分离比例约90%，此外，还分离到链格孢（*Alternaria* sp.），分离比例约10%（彩图5-7）。

3. 室内毒力测定

通过抑制菌丝生长法测定4种杀菌剂（表5-10）的抑菌效果，筛选合适的杀菌剂，为田间病害防治提供参考。

表5-10 试验药剂及生产单位

药剂处理名称	商品名	生产单位
10%苯醚甲环唑水分散粒剂	世高	瑞士先正达作物保护有限公司
70%甲基硫菌灵可湿性粉剂	长胜	河南倍尔农化有限公司
41.7%氟吡菌酰胺悬浮剂	路富达	拜耳股份有限公司
250克/升吡唑醚菌酯乳油	凯润	巴斯夫股份公司

结果表明，4种药剂对茎点霉均有不同程度的抑制作用（表5-11）。其中，苯醚甲环唑的抑制作用最强，EC_{50}值为0.079 0毫克/升；氟吡菌酰胺的抑制作用最小，EC_{50}值为7.661 4毫克/升。4种药剂的抑菌效果从大到小依次为苯醚甲环唑>吡唑醚菌酯>甲基硫菌灵>氟吡菌酰胺。

表 5-11　4 种杀菌剂对茎点霉室内毒力测定

药剂名称	毒力回归方程	相关系数	EC_{50}（毫克/升）	EC_{90}（毫克/升）
苯醚甲环唑	$y=1.11x+6.2209$	0.994 7	0.079 0	13.109 0
甲基硫菌灵	$y=1.0968x+4.6011$	0.966 1	2.310 4	34.051 9
氟吡菌酰胺	$y=0.5169x+4.5429$	0.970 3	7.661 4	1 242.33
吡唑醚菌酯	$y=0.6797x+5.1621$	0.975 0	0.577 5	44.358 8

4 种药剂对链格孢均有不同程度的抑制作用（表 5-12）。其中，苯醚甲环唑的抑制作用最强，EC_{50} 值为 0.046 5 毫克/升；吡唑醚菌酯的抑制作用最小，EC_{50} 值为 3.866 0 毫克/升。4 种药剂的抑菌效果从大到小依次为苯醚甲环唑＞氟吡菌酰胺＞甲基硫菌灵＞吡唑醚菌酯。

表 5-12　4 种杀菌剂对链格孢室内毒力测定

药剂名称	毒力回归方程	相关系数	EC_{50}（毫克/升）	EC_{90}（毫克/升）
苯醚甲环唑	$y=0.8863x+6.1811$	0.937 2	0.046 5	1.298 20
甲基硫菌灵	$y=0.2985x+4.8363$	0.931 5	3.535 2	69 456.9
氟吡菌酰胺	$y=0.8339x+5.6713$	0.980 5	0.156 7	8 832.40
吡唑醚菌酯	$y=0.7266x+4.5733$	0.970 7	3.866 0	224.400

综上所述，对引起藜麦叶斑病的茎点霉和链格孢的室内抑菌效果最好的为苯醚甲环唑。

第三节　笄霉茎腐病

一、发生情况

北京地区 7 月中下旬到 8 月初可见田间病株，植株顶端及茎秆部位出现腐烂症状。后期随着雨水增多，田间易形成高温高湿的环境，病原菌传播速度加快。8月中下旬至9月初，染病的植株顶梢枯死，病斑逐渐扩展引起植株倒折和萎蔫，最终出现整株枯死。长期阴雨以及暴雨后骤晴，短期内形成的高温高湿环境利于笄霉茎腐病发生。笄霉茎腐病在陇藜1号、陇藜3号上发生也较为普遍，北京地区发病率为10%。

二、田间症状

发生在植株顶端及茎秆部位的病害，由笄霉引起的茎腐病。能够引起植株顶梢枯死，茎秆被侵染后，随着病斑扩展可引起植株倒折和萎蔫，最终导致植株枯死（彩图5-8）。

三、室内毒力测定

选用50%多菌灵可湿性粉剂、70%甲基硫菌灵可湿性粉剂、25%戊唑醇悬浮剂、43%氟菌·肟菌酯悬浮剂4种药剂对笄霉茎腐病原菌进行室内毒力测定。

将4种杀菌剂分别配制成0、0.1、0.2、0.3、0.4和0.5毫克/毫升5种梯度的PDA培养基。供试药剂分别用无菌水稀释成所需浓度10倍的药液，将PDA培养基加热熔化，待其冷却至45℃左右时，取2毫升药液加入18毫升PDA培养基中，制成含不同药剂的培养基，充分摇匀后迅速倒入灭菌的直径90毫米的培养皿中，以加入等体积无菌水的无药PDA平板为对照。抑菌率测定采用菌丝生长速率法。待培养基凝固后，用打孔器在培养3天的笄霉菌落边缘切取直径7毫米的菌柄，菌丝面朝下置于配制好的PDA平板中央，每皿1片，每个处理3次重复，将处理好的培养皿置于25℃恒温培养箱中培养5天后，用十字交叉法测量菌落直径，并计算不同药剂处理对菌丝生长的抑制率（抑菌率），分析比较不同杀菌剂对菌丝生长的影响。

结果表明，4种杀菌剂对藜麦笄霉菌均有一定的抑菌作用。其中，抑菌效果最好的是戊唑醇，在50、100、150、200毫克/毫升4种浓度梯度下的抑菌率均为100%（表5-13）。

表 5-13 4种杀菌剂对藜麦茾霉茎腐病菌的毒力测定结果

农药种类	浓度（毫克/毫升）	直径（厘米）	抑菌率（%）
50%多菌灵可湿性粉剂	0.1	4.1	10.0
	0.2	4.0	12.5
	0.3	4.1	10.0
	0.4	3.9	14.0
	0.5	4.0	12.5
70%甲基硫菌灵可湿性粉剂	1	3.4	6.45
	2	3.2	12.9
	3	3.4	6.5
	4	2	51.6
	5	1.8	58.1
43%氟菌·肟菌酯悬浮剂	1	2.2	20.6
	2	2.0	27.0
	3	1.9	33.3
	4	1.9	33.3
	5	1.6	47.6
25%戊唑醇悬浮剂	5	1.2	22.2
	50	0.5	100.0
	100	0.5	100.0
	150	0.5	100.0
	200	0.5	100.0

对没有进行轮作的地块进行深耕，可将残留的病残体与病原物翻入土中，加速病原物的分解、腐烂，减少地表和耕作层的病残体以及病菌量，为藜麦生长创造良好的生态环境。深耕也有利于减轻茎腐病的发生。

第四节 霜霉病

一、发生情况

北京地区藜麦霜霉病的始发期在7月中上旬，田间始见病株，7月下旬随着病原菌的逐步积累，病株数逐渐增加。8月上旬，伴随降雨，田间病叶呈现普遍发生的状态，病斑从下而上蔓延，病叶上可观察到明显的分生孢子器，为病原菌的积累期。除了品种、栽培等因素影响，成株期雨量大、雨日多、空气湿度大有利于病原菌的侵染，病害发生早且重。其中，红藜1号和红藜2号上霜霉病，平均发病率为15%，较重的区发病率为30%。

采用Mhada等的0～5级病害分级标准（略有改动）进行分级：0级：无病斑；1级：小而分散的病斑，病斑占叶片面积0～10%；2级：病斑数量和面积明显增加，病斑占叶片面积11%～25%；3级：病斑呈褐色，叶片背面开始形成孢子，病斑占叶片面积26%～50%；4级：病斑占叶片面积51%～90%；5级：病斑面积大于叶面积90%，叶片正面和背面形成大量孢子。

发病率和病情指数分别用以下公式计算：

发病率（%）=100×发病植株数÷调查总植株数

病叶率（%）=100×侵染叶片数÷调查总叶片数

二、田间表现症状

藜麦霜霉病主要危害叶片，也可侵染茎、枝、花序和籽粒，不同基因型藜麦的症状表现不同。一般而言，霜霉菌首次侵染植株下部成熟叶片组织，不侵染顶端分生组织附近的幼嫩叶片。发病叶片正面形状不规则，淡黄色，病斑直径5～6毫米，背面有浅灰色的霉层，发病后期病斑常连成片，整个叶片变黄，易脱落，背面霉层变灰黑色。病斑扩展不受叶脉限制，有的从叶缘，有的从叶片中央出现，植株下部叶片发病较重（彩图 5－9A－C）。

三、病原

孢子囊着生在孢囊梗上，卵圆形或近球形，单孢，浅褐色，表面光滑，大小（22～34）微米×（21～30）微米，孢囊梗二叉分枝（彩图 5－9D－H）。藜麦霜霉病是种传病害，可由种子携带卵孢子进行远距离持久传播，种传卵孢子在侵染传播中发挥着重要作用，因此，种子是藜麦霜霉病传播的主要来源，频繁的调种是导致全球藜麦霜霉病扩散和危害加重的原因之一。1947 年藜麦霜霉病首次在秘鲁被报道，当初被认为是南美洲阿根廷、玻利维亚、智利、哥伦比亚、厄瓜多尔和秘鲁的地方性病害。此后，随着国际频繁的调种和种植区域的扩展，导致其广泛传播，现已传播蔓延至全球藜麦种植的所有地区（表 5－14）。

表 5－14　世界藜麦霜霉病的分布（王昶，2023）

序号	地区	国家
1	南美洲	秘鲁、阿根廷、玻利维亚、智利、哥伦比亚、厄瓜多尔
2	北美洲	墨西哥、加拿大、美国
3	欧洲	丹麦、葡萄牙、法国、荷兰、英国、瑞典、意大利
4	亚洲	中国、印度、韩国
5	非洲	肯尼亚、埃及

2017 年，北京市农业技术推广站联合中国农业科学院对北京引种的粮景兼用型及菜用型共 20 份藜麦品种/系的种子进行霜霉菌特异性 PCR 扩增检测，结果表明：从内蒙古引种的红藜、黄藜、绿藜、A4、ZK5，以及从山西引种的山西菜用 1 号、山西菜用 2 号 7 份藜麦品系携带霜霉病菌（图 5－2、表 5－15）。

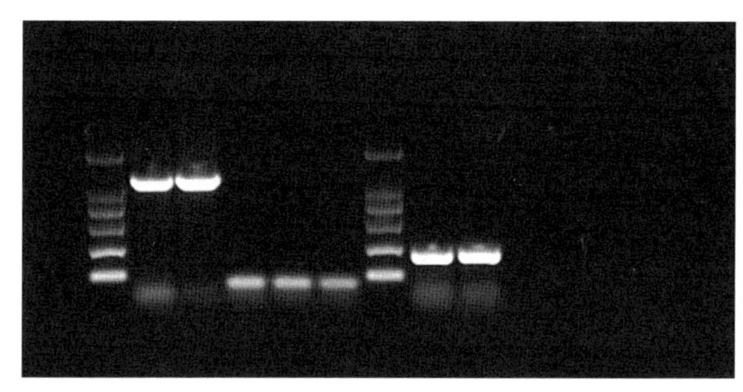

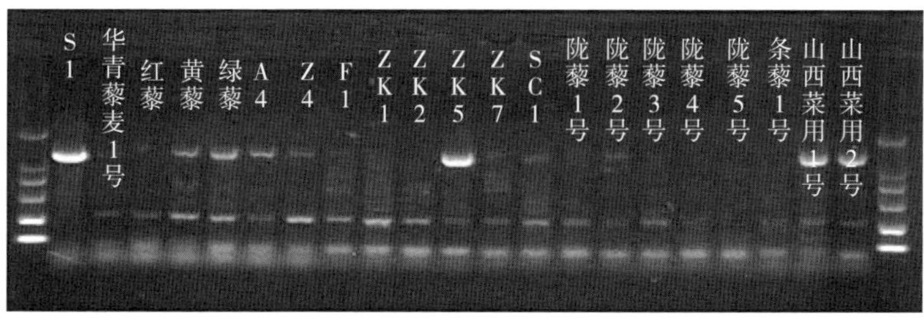

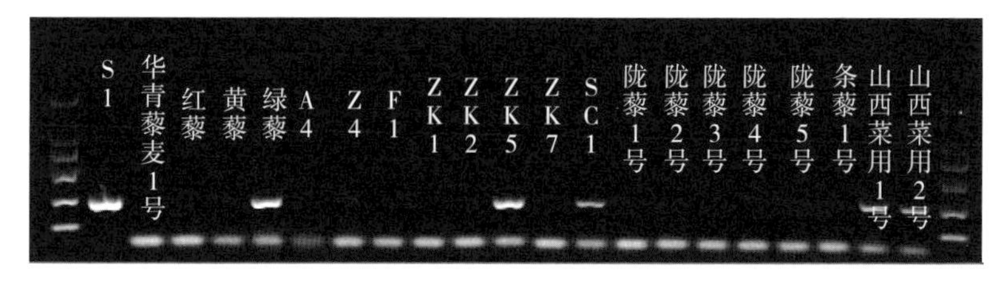

图5-2　藜麦霜霉病（卵菌）特异性引物检测

表5-15　藜麦霜霉病（卵菌）特异性引物检测

编号	品种/系	PCR检测-DC6/ITS4
1	华青藜麦1号	－
2	红藜	＋
3	黄藜	＋
4	绿藜	＋
5	A4	＋

（续）

编号	品种/系	PCR 检测-DC6/ITS4
6	Z4	−
7	ZK1	−
8	ZK1	−
9	ZK2	−
10	ZK5	+
11	ZK7	−
12	SC1	−
13	陇藜 1 号	−
14	陇藜 2 号	−
15	陇藜 3 号	−
16	陇藜 4 号	−
17	陇藜 5 号	−
18	条藜 1 号	−
19	山西菜用 1 号	+
20	山西菜用 2 号	+

四、田间防治方法

雨水充沛条件下会加速藜麦霜霉病菌的传播，温度过高更容易使植株感染该病。因此，要做好科学的预防对策，选择抗病能力强的品种和适合的种植方式，控制种植的密度，加强田间管理。田间发现感染植株及时拔除。

化学防治方面，北京地区的试验示范及生产实践表明，可用58%精甲霜·锰锌+75%肟菌·戊唑醇可湿性粉剂 500 倍液或苯醚甲环唑喷雾，隔 7 天喷 1 次，连续防治 1～2 次。此外，据吴夏蕊等（2019）报道，将 50%溶菌灵可湿性粉剂 600～800 倍液喷到藜麦叶片背面也可防治霜霉病。秦楠等（2023）田间试验结果表明，枯草芽孢杆菌菌株 LF17 菌剂对霜霉病的防效为 59.59%，显著高于烯酰吗啉、霜霉威盐酸盐等药剂。张军瑗（2021）报道可以使用溶菌灵可湿性粉剂、霉多克可湿性粉剂喷雾防治，也可以使用烯酰吗啉喷雾防治藜麦霜霉病。

参考文献

秦楠，周建波，吕红，等.2023. 枯草芽孢杆菌对藜麦霜霉病的防治效果及其促生和改善土壤真菌群落作用［J］. 江苏农业科学，51（14）：159-164.

王昶.2023. 藜麦种质对霜霉病的抗性评价及其抗病机理研究［D］. 兰州：甘肃省农业科学院.

吴夏蕊，时磊.2019. 一种藜麦的病虫害综合防治方法：201910123332.1［P］. 2019-05-10.

张桂芬，张金良，万方浩，等.2017. 甜菜筒喙象在藜麦上大暴发［J］. 植物保护，43（2）：202-207.

张金良，杨建国，岳瑾，等.2018. 藜麦田甜菜筒喙象生物学特性初步研究.植物保护，44（4）：162-166.

张金良，张桂芬，张奥，等.2018. 北京地区藜麦甜菜筒喙象年生活史和生物学特性初探［J］. 中国农技推广，34（5）：54-56.

张金良，梅丽，袁志强，等.2019. 4.5%高效氯氰菊酯乳油不同浓度防治藜麦甜菜筒喙象效果试验研究［J］. 农业科技通讯（6）：153-155.

张金良，梅丽，张桂芬，等.2017. 藜麦甜菜筒喙象发生规律与防治技术［J］. 农业工程，7（2）：133-135.

张军瑗.2017. 藜麦病虫害防治措施初探［J］. 种子科技，39（24）：78-79.

CHAPTER 6
第六章

藜麦轻简栽培

第一节　播　　种

一、播种方式

生产中藜麦的播种方式有条播、穴播及育苗移栽等，以机械条播或机械穴播的方式应用较为广泛（彩图 6－1 至彩图 6－5）。

二、播种机械

由于藜麦种子小、播种深度要求较严格等原因，导致其播种难度大，良好的播种是实现藜麦全苗和保证藜麦丰产的基础。当地温上升到 10～15℃，土壤含水率为 10％～12％时是藜麦播种的最佳时期。如土壤含水量较低，等机械化播种完毕后，应采取滴灌等方式给种子浇水，让种子周围土壤湿润，使藜麦快速生根发芽。

（一）半人力播种机械

前方由人牵引，后方有人把扶，可以同时完成开沟和下种两项工作，一次可播种一行。在未引进藜麦播种机械前，除人工播种外，北京地区常采用耧播种藜麦（彩图 6－6 至彩图 6－8）。一般将炒小米与藜麦种子混合后（小米与藜麦种比例为 3∶1）后播种。待出苗后根据品种适宜密度进行间定苗，根据行距确定株距。

（二）播种机筛选

2018年以陇藜1号（千粒重2.5克、发芽率92%）为试验品种，应用4种播种机械：①2行蔬菜精量播种机（精量穴播方式，鸭嘴滚轮式开沟器，震动覆土镇压，2行整体浮动，彩图6-9和彩图6-10）。②谷物4行播种机（外槽轮条播播种方式，靴式播种开沟器，胶轮镇压，4行整体浮动，彩图6-11）。③蔬菜4行播种机（精量穴播方式，为2行蔬菜精量播种机的改进机械，彩图6-12）。④璟田2行蔬菜播种机（精量穴播方式，靴式播种开沟器，滚轮镇压）进行播种效果比较（彩图6-13）。试验位于延庆区永宁镇南山健源生态园。

通过比较发现，2行蔬菜精量播种机播种2遍的播种效果最佳，工作效率为0.33～0.47公顷/小时，行距45厘米、穴距27厘米，播种深度2.5厘米，田间实际密度12万株/公顷，满足生产需要（表6-1）。

表6-1 4种播种机播种效果比较

播种机	行距（厘米）	穴距（厘米）	留苗密度（万株/公顷）	籽粒直径（毫米）	单株粒重（克）	千粒重（克）	产量（千克/公顷）
2行蔬菜精量播种机	45	27	12.0	1.6	13.19	1.5	1 345.2
谷物4行播种机	50	条播	5.8	1.6	18.98	1.9	935.3
蔬菜4行播种机	50	20	4.2	1.6	17.24	1.8	610.2
璟田2行蔬菜播种机	50	33	—	—	—	—	—

试验还得出以下结论：4种播种机在相同土壤条件下，行距能保持一致，但机械播种效果受土壤因素、周边农作物种植环境、种子发芽率、播种机性能、后期田间管理等影响较大。为达到良好的播种效果，应做到：①平整土地，细碎土壤，保证肥力充足；②严格把握播种深度，播种后严实镇压；③保证土壤墒情良好，播种后有条件的可及时滴灌，保持土壤湿润，避免土壤板结。

2019年4月30日，在延庆区大榆树镇姜家台村以黄藜（千粒重1克、发芽率98%）为试验材料，采用蔬菜4行播种机、谷物4行播种机、璟田2行蔬菜播种机进行播种效果比较试验。0～20厘米土壤基础地力为：有机质29.2克/千克、碱解氮146.9毫克/千克、有效磷93.2毫克/千克、速效钾314毫克/千克、pH 7.48。前茬作物为萝卜，播前0～20厘米、20～40厘米、40～60厘米的土壤含水率分别为12.5%、18%和11%、土地坡度<10度、耕整地作业质量平整。播前施用复合肥（N：P_2O_5：K_2O＝26：10：12）50千克/亩。

其中，璟田2行蔬菜播种机设置株距16厘米和18厘米两个处理，因此，该试验共计4个处理。

从不同处理的播种性能及播种质量来看，蔬菜4行播种机和谷物4行播种机的油耗较璟田2行蔬菜播种机小，但作业速度高于后者。4个处理的行距为47～50厘米，穴播机型的平均株距16～18厘米，种子破损率均小于1%，晒籽率以蔬菜4行播种机最小，为6%（表6-2）。

表6-2 不同处理的播种性能及播种质量比较

处理	油耗（升/公顷）	作业速度（公顷/小时）	下种量（克）	行距（厘米）	平均株距（厘米）	种子破损率（%）	晒籽率（%）
蔬菜4行播种机	13.5	0.32	243.3	50	17	<1	6
谷物4行播种机	13.5	0.48	340.0	47	条播	1	18
璟田2行蔬菜播种机（株距16厘米）	22.5	0.23	211.1	50	16	<1	11
璟田2行蔬菜播种机（株距18厘米）	22.5	0.23	187.2	50	18	<1	11

从不同处理的出苗情况来看，从播种至出苗共用时12～14天，较人工播种晚出苗7～9天。其中，璟田2行蔬菜播种机播种后的黄藜田间实际出苗分别为15.2万株/公顷和17.2万株/公顷，差异不大，间苗后密度在7.5万株/公顷左右，能达到生产要求；蔬菜

4行播种机实际出苗6.4万株/公顷，但均匀度较差，间苗后田间密度仅6万株/公顷左右，无法满足生产需求（表6-3、彩图6-14）；谷物4行播种机则只有零星出苗。

表6-3 不同处理出苗情况比较

处理	播种日期（月/日）	始出苗日期（月/日）	出全苗日期（月/日）	出苗天数（天）	出苗率（%）	苗期株高（厘米）	实际出苗数（万株/公顷）
蔬菜4行播种机	4/30	5/7	5/14	14	1.8	1.3	6.4
谷物4行播种机	4/30	5/7	—	—	—	1.2	—
璟田2行蔬菜播种机（株距16厘米）	4/30	5/7	5/12	12	5.4	2	15.2
璟田2行蔬菜播种机（株距18厘米）	4/30	5/7	5/12	12	6.2	2	17.2

经分析，出苗时间较长可能和镇压效果差有关。因此，与延庆区农机服务中心合作，对璟田2行蔬菜播种机进行改装，增加了镇压带（彩图6-15）。

此次试播后，播种至出苗天数缩短至5天，有效解决了出苗时间长、大小苗严重的问题，田间实际出苗数为24.8万株/公顷，间苗后可完全满足生产需求（彩图6-16）。

综上所述，经过2018年和2019年比较试验，筛选出2行蔬菜精量播种机和璟田2行蔬菜播种机两个能在生产中直接应用的机型。其中，2行蔬菜精量播种机带拖拉机牵引，适合大面积规模地块应用，但需播种2遍来保证全苗；璟田2行蔬菜播种机为人工手推自走式，适合小面积零散地块应用。

（三）一体式播种机的应用

目前的播种机在进行不同尺寸农作物的种子播种时，如藜麦、玉米，播种器往往无法适配，需要拆卸更换，但播种机内部通常设有多个播种器，更换较为费时费力，进而会降低播种机的适应性；此外，在播种机播种过程中，为了提高种子的成活率，方便后期水肥浇灌的需要，播种时不仅实现播种，还需要施肥，铺设滴灌带等处理，通常施肥、铺设滴灌带等处理为单独处理，肥料无法充分被农作物吸收，滴灌带铺设更是效率较低。

为此，近年我们改装了一种一体式藜麦播种机（彩图 6－17）。能够根据种子的尺寸将对应的播种器凹凸纹路调节移动至播种器底部进行转动播种，进而拓宽了该播种机的适用范围，使得该播种机能够更加便捷地对更多种子进行播种；施肥机能够在播种时将肥料埋至土壤中，为种子提供营养；同时，滴灌机可将滴灌带埋至土壤内，以达到播种、施肥、镇压、铺设滴灌带的目的。

第二节　中耕除草

中耕除草是一种传统的农业技术，指的是在作物生长期间，利用人工或机械的方法，清除田间的杂草，疏松表土，保持土壤的肥力和透气性。人工中耕除草是利用锄头、镰刀等工具，手动清除杂草和疏松表土，适用于小面积、地形复杂、作物密度高的田块。机械中耕除草是利用微耕机、旋耕机、割草机等机械，自动清除杂草和疏松表土，适用于大面积、地形平坦、作物密度低的田块。

在作物生长的整个过程中，根据需要可进行多次中耕除草，除草时要除早、除小、除彻底，把杂草消灭在萌芽时期。一般当藜麦苗长至 10～20 厘米时开始间苗定苗，结合间苗，可进行第一次锄草。此后，根据行间杂草生长情况随时除草，一般为 2～3 次，结合除草可进行根基培土，防止植株倒伏。

拖拉机中耕作业时，保持低速低挡行驶（彩图 6－18），不要伤害藜麦苗和铺设的滴灌带设施。中耕除草的深度要根据作物的根系深度和土壤的板结程度而定，一般为 5～10 厘米，不宜过深或过浅。中耕除草的范围要根据作物的生长空间和杂草的分布情况而定，一般为行间和株间，不宜过宽或过窄。

第三节 飞 防

7～8 月藜麦植株高大，无法进行人工喷药，应用植保无人机喷防病害，作业效率 6.7 公顷/小时，是人工打药的 15～20 倍，可节药 30%、节水 90%。植保机喷药时，旋翼产生的向下气流有助于药液穿透农作物，使藜麦叶片正反面均有效受药，且对人体危害较小，作业时飞行高度应≥3 米，飞行速度应≤10 米/秒（彩图 6-19）。

第四节 机械收获

目前，北京市藜麦收获多以人工收割碾压脱粒为主，劳动强度大，收获效率低。国内对藜麦收割机的报道较少，以甘肃省报道为主。

据朱雪慧（2020）报道，由于藜麦引进我国时间较短，生产环节的机械化还是一片空白，在种植环节只能以玉米等作物的播种机替代，在收获环节也只能用小麦等联合收割机替代收获，但因藜麦属于高秆作物，使用以上收割机常导致收获损失率高达 30%左右。天祝藏族自治县与雷沃重工股份有限公司进行对接协商，将性能与藜麦收获较为接近的齐齐哈尔农垦稻花香农业机械制造有限公司生产的稻花香牌 W300 割台与约翰迪尔 W80 联合收割机进行了优势互补的组合，将藜麦收获损失率有效控制在 5%以下。

史瑞杰等（2023）以陇藜 1 号为试验材料（植株高度 1.81～2.24 米，株距 32 厘米，行距 40 厘米，整株果穗圆周直径 20～30 厘米，籽粒直径 1.5～2.2 毫米，千粒重 2.4～3.46 克，籽粒含水率 14.42%，茎秆含水率 18.17%），针对大田种植模式研发出国内第一台大型自走式藜麦联合收割机，解决了大田藜麦收获无机可用现状。该机采用扩口式小行距链齿喂入割台、组合式纵轴流脱粒滚筒、专用编织筛凹板、双层往复式异向振动筛等装置，配合宽体过桥、脱粒滚筒无级变速和大脱分空间等设计实现了藜麦的顺畅喂入和高效脱粒分离，对关键部件进行了设计分析，并进行了田间试验。试验总损失率为4.13%，作业期间机具运行平稳，能够满足藜麦机械化收获要求。

此外，针对丘陵山区，种植地块小、坡度大、道路狭窄，大型机具难进场等现象，为降低普通稻麦联合收割机收割藜麦损失大、含杂高、喂入不畅等问题，王天福等（2023）以陇藜5号（平均株高1.62米，平均结穗高度0.35米，无倒伏情况，籽粒含水率14%，茎秆含水率26%）为试验材料，报道了一种丘陵山地藜麦联合收割机的设计与试验。通过对收割机割台、脱粒滚筒、组合式分离凹板、双层往复式振动清选装置、样机行走稳定性等关键部件的参数进行设计，田间试验结果表明，该机型可进行丘陵山地藜麦收获作业，藜麦籽粒含水率14%，茎秆含水率24%时，样机收获总损失率为2.98%，收获过程中割台喂入顺畅，机具工作平稳，脱粒装置无堵塞，田间性能试验与相关指标均达到藜麦联合收获作业质量要求。

北京市藜麦常采用人工收获，费时费力，在未来可引进一台适合丘陵山地的藜麦联合收割机进行试验，以弥补北京地区藜麦收割机械化的空白，提高收获作业效率。

参考文献

史瑞杰，戴飞，赵武云，等.2023.自走式藜麦联合收割机设计及试验[J].吉林大学学报（工学版），53（9）：2686-2694.

王天福，戴飞，赵武云，等.2023.丘陵山地藜麦联合收割机设计与试验[J].干旱地区农业研究，41（1）：252-262.

朱雪慧.2020.机械化助推藜麦产业发展探讨——以天祝藏族自治县为例[J].南方农机，51（5）：4-6.

CHAPTER 7

第七章

菜用藜麦种植技术

藜麦除作为类谷物食用籽粒外，播种后生长至20～30厘米的藜麦幼嫩茎叶也可食用，蛋白质含量明显高于常见蔬菜，且菜用藜麦皂苷含量明显降低，较藜麦米省去了因皂苷含量高、口感发涩而烦琐的脱皂苷过程，对于补充人体蛋白质、改善人体肠道菌群，促进消化、维持神经和肌肉的正常功能、保护心脏血管等具有重要作用。菜用藜麦可露地栽培，也可在设施内栽培，生育期短，播种至采收27～45天，生长过程对环境条件的要求较藜麦更为宽泛，因此，可在除高原外的更广阔区域种植。目前，浙江、湖南、河北、天津、吉林等省有相关栽培报道，但均处于探索阶段，报道的文献较少，缺少专用的菜用藜麦品种和规范化的设施栽培技术。

北京市自2015年引种籽粒型藜麦的同时，也积极拓宽思路，进行菜用藜麦的种植探索，集成了北京菜用藜麦设施栽培技术，在京郊昌平、延庆、顺义、通州等园区应用，2015—2020年，累计示范推广菜用藜麦3.67公顷，技术覆盖率100%，与同茬口叶菜蒿子秆相比增收18.35万元/公顷，经济效益显著。

第一节　设施栽培方式

2015—2016年，通过在北京绿山谷芽苗菜有限责任公司和小汤山特菜大观园进行无土栽培、穴盘基质栽培、温室直播3种方法（彩图7-1）的多次试验探索，最终筛选出菜用藜麦较适宜的栽培方式——温室直播。

一、无土栽培法

菜用藜麦无土栽培需经过凉水淘洗、温水浸种（温度控制42℃左右，浸种6小时）、一段催芽（控制温度在20℃，空气相对湿度在80%，无光条件下培养）、码盘和二段催芽（逐步见光，定期喷淋）5个阶段。藜麦苗发芽2天后开始转色，12天后成苗，芽苗高5～6厘米即可食用，一年可生产25～30茬。但植株矮小、产量低（平均0.35千克/$米^2$），限制了试验示范工作的继续进行。

二、穴盘基质栽培法

穴盘基质栽培的菜用藜麦30天可成苗，苗高10厘米左右采摘，口感鲜嫩。但每穴2～3株、产量低（平均0.50千克/$米^2$），也限制了这种栽培方法的示范推广。

三、温室直播法

温室直播的菜用藜麦苗高25～30厘米时采收茎叶鲜嫩、产量最佳，平均产量1.12千克/$米^2$，较无土栽培及穴盘栽培法高出2.2～3.2倍，之后的设施栽培关键技术探索均是基于温室直播这种方式。

四、其他栽培方法

北京的藜麦蔬菜栽培以温室直播为主，此外，部分园区创新了栽培方式，如北京红泥乐现代农业有限公司的盆栽藜麦，面向社区销售，取得了良好的销量和效益；再比如北京鑫城缘果品专业合作社利用草莓高架槽空闲期种植藜麦，增加了温室内的种植面积（彩图7-2）。

第二节　适宜菜用的藜麦品种

为筛选丰产优质的菜用型藜麦品种，2019年从内蒙古引种ZK1、

ZK2、ZK5、ZK7、SC1，从甘肃引种陇藜1号、陇藜3号、陇藜4号、陇藜5号、条藜1号，从山西引种1个品系（对照），在北京金六环农业园开展11个藜麦品种/系的比较试验。11月14日播种，随机区组排列，3次重复，小区面积7.2米^2（8米×0.9米），人工条播，每小区8行，行距11.2厘米，播种量22.5千克/公顷，12月20日采取贴根剪的方式测产收获。经测产及邀请专家对藜麦烫后颜色、香味、甜味、苦涩味、滑腻感、纤维等方面进行鉴评，筛选出陇藜4号这个适宜菜用的藜麦品种，产量为15.1吨/公顷，食用综合评分为3.8分。

一、同品种的生长特性

从表7-1来看，除12月10日各品种/系间株高差异不显著外，其他3个时期均存在极显著差异，以ZK2在各期植株均较低，对照和条藜1号植株较高。从茎粗来看，不同时期各品种/系间均存在极显著差异，以ZK2在各期植株均较低，前期（12月5日和10日）对照和条藜1号植株较高，后期（12月15和20日）陇藜3号和陇藜4号生长速度加快、植株较高。各品种/系的叶片数生长速度较均匀，平均每5天生长2～3片叶，其中，12月5日品种/系间叶片数差异显著，其他3个时期差异极显著，前期以ZK2叶片数较少，陇藜5号、条藜1号和对照片数较多，中后期ZK5叶片数较少。

二、采收期不同品种植株性状比较

从表7-2可见，采收期11个品种/系的叶片数为14.4～17.2片，其中条藜1号、对照平均叶片数达到17片以上，ZK5的叶片数平均只有14.4片，极显著少于其他品种/系。植株高度以条藜1号和对照较高大，达到39.2和39.6厘米；以ZK2极显著矮于其他品种/系，采收期株高为25.6厘米。茎粗以陇藜4号、条藜1号较为粗壮，ZK1、ZK2、ZK5、ZK7茎秆相对较细。11个品种/系的叶片形状较为相似，叶片长宽比为1.18～1.28，

表 7-1　各品种/系不同时期生长监测

品种/系	12月5日			12月10日			12月15日			12月20日		
	株高（厘米）	茎粗（厘米）	叶片数	株高（厘米）	茎粗（厘米）	叶片数	株高（厘米）	茎粗（厘米）	叶片数	株高（厘米）	茎粗（厘米）	叶片数
ZK1	8.9CD	0.8F	7.9cd	13.8a	2.3DE	10.7BC	18.5DE	2.5C	12.7 BC	31.2B	4.2C	15.6AB
ZK2	7.3F	0.6F	7.8d	11.5a	2.0E	10.0C	16.4E	2.7C	12.7 BC	25.6C	4.2C	15.0AB
ZK5	10.0ABC	1.3BCD	8.0bcd	16.3a	2.9BCD	11.7ABC	21.6BCD	3.0C	12.2C	32.5B	4.3C	14.4B
ZK7	9.1BCD	1.0DE	8.3abcd	14.0a	2.2DE	11.8AB	21.4BCD	3.2BC	13.6ABC	31.7B	4.2C	16.1AB
SC1	9.2BCD	1.2CD	9.0ab	15.7a	2.7CDE	12.2AB	22.4ABC	3.2BC	14.7AB	35.4AB	4.4 BC	16.7AB
陇藜1号	10.3AB	1.7AB	8.9abc	16.6a	3.4ABC	11.6ABC	23.8ABC	3.8AB	13.1ABC	35.8AB	5.0ABC	14.9 AB
陇藜5号	8.9CD	1.4ABC	9.2a	14.6a	3.0BCD	11.6ABC	22.0BCD	4.1A	14.2AB	33.7B	5.8ABC	15.7AB
陇藜3号	8.1DE	1.2CD	8.6 abcd	14.2a	3.5ABC	12.7 A	20.6CD	4.5A	14.3AB	33.9B	5.6ABC	14.7AB
陇藜4号	9.6ABC	1.5ABC	8.3 abcd	13.9a	3.6AB	12.4 A	22.8ABC	4.0A	14.2AB	36.0AB	6.3 A	16.7AB
条藜1号	9.9ABC	1.5ABC	8.4 abcd	17.4a	4.0A	12.9 A	25.9A	4.2A	15.0A	39.2A	5.8 AB	17.1A
对照	10.6A	1.8A	9.0 ab	18.0a	4.0A	13.1 A	25.0 AB	3.9AB	14.6 AB	39.6A	5.7ABC	17.2A

其中，陇藜4号和陇藜3号的叶片大于对照，其余品种/系的叶片小于对照。单株鲜重以条藜1号最高，其次为陇藜4号，其余品种/系均小于对照。展开度以陇藜3号最大，SC1极显著小于其他品种/系。最大节间长度以ZK5最大，ZK2极显著小于对照。

表7-2 不同藜麦菜用品种收获期植株性状调查

品种/系	株高（厘米）	茎粗（厘米）	叶片数（片）	叶片长度（厘米）	叶片宽（厘米）	展开度（厘米）	最大节间长度（厘米）	单株鲜重（克）
条藜1号	39.2A	5.8AB	17.1A	7.3ABC	5.7ABC	18.1ABC	6.6abc	8.6A
陇藜4号	36.0AB	6.3A	16.7AB	7.4AB	6.2A	19.0AB	6.8abc	7.8A
陇藜3号	33.9B	5.6ABC	14.7AB	7.7A	6.3A	20.7A	6.5abc	6.6AB
陇藜5号	33.7B	5.8ABC	15.7AB	6.9ABCD	5.6ABC	18.5AB	7.2ab	5.3D
陇藜1号	35.8AB	5.0ABC	14.9AB	6.3CDE	5.1BC	17.9ABC	6.6abc	6.4BC
ZK7	31.7B	4.2C	16.1AB	6.5BCDE	5.6ABC	15.8BC	6.7abc	6.8AB
ZK5	32.5B	4.3C	14.4B	6.2DE	5.0C	15.1BC	8.1a	6.2BC
SC1	35.4AB	4.4BC	16.7AB	6.1DE	5.1BC	14.2D	7.4ab	5.9CD
ZK1	31.2B	4.2C	15.6AB	5.9E	5.0C	14.8BC	6.2bc	5.8CD
ZK2	25.6C	4.2C	15.0AB	5.9E	5.0C	16.4BC	5.3c	5.5D
对照	39.6A	5.7ABC	17.2A	7.4AB	6.0AB	16.3BC	7.5ab	6.7AB

三、不同品种的产量比较

经测产比较，条藜1号、陇藜4号、陇藜3号、陇藜5号的产量显著高于对照，以条藜1号最高，为15.45吨/公顷；其次为陇藜4号，为15.10吨/公顷，两者间差异不显著，与陇藜3号在0.01水平无显著差异（表7-3）。

表 7-3　不同藜麦菜用品种采收期产量调查

品种/系	重复 1（吨/公顷）	重复 2（吨/公顷）	重复 3（吨/公顷）	平均产量（吨/公顷）	0.05 水平差异显著性	0.01 水平差异显著性
条藜 1 号	14.56	16.31	15.49	15.45	a	A
陇藜 4 号	15.58	15.32	14.41	15.10	a	A
陇藜 3 号	12.37	13.41	12.51	12.77	b	AB
陇藜 5 号	13.26	11.52	11.49	12.09	bc	BC
陇藜 1 号	11.87	12.71	10.48	11.69	bc	BCD
ZK7	10.13	10.75	8.88	9.92	cd	BCD
ZK5	9.48	9.24	10.80	9.84	cd	CDE
SC1	9.44	9.04	9.13	9.20	d	CDE
ZK1	8.02	9.09	8.18	8.43	d	E
ZK2	7.46	7.88	7.53	7.62	d	E
对照	10.61	12.81	11.90	11.78	bc	BC

四、不同品种的适口性比较

11 个藜麦菜用品种用开水焯过后装盘（彩图 7-3），邀请蔬菜专家，从藜麦苗烫后颜色、香味、甜味、苦涩味、滑腻感、纤维等方面进行评价。烫后颜色从绿到暗、香味由清香到无、甜味由甜到无、苦涩味从无到有、滑腻感从有到无、纤维从无到有依次分“5、4、3、2、1、0”6 个等级，满分为 5 分。最终筛选出陇藜 4 号、陇藜 5 号两个综合得分较高的品种（表 7-4）。

表 7-4　不同藜麦菜用品种品鉴结果

品种/系	烫后颜色	香味	甜味	苦涩味	滑腻感	纤维	食用综合评分
陇藜 4 号	4.7	4.3	3.0	4.0	3.3	3.3	3.8
陇藜 5 号	4.7	3.3	2.7	4.3	3.0	4.0	3.7
陇藜 3 号	3.7	3.7	3.0	4.0	2.7	4.0	3.5
陇藜 1 号	4.7	3.3	2.7	3.0	3.0	4.0	3.4

（续）

品种/系	烫后颜色	香味	甜味	苦涩味	滑腻感	纤维	食用综合评分
ZK7	4.3	3.3	2.7	3.7	3.0	3.7	3.4
SC1	4.3	3.7	3.0	3.0	2.7	4.0	3.4
ZK1	4.3	3.3	2.7	3.3	3.3	3.7	3.4
ZK2	4.7	3.3	2.7	3.0	3.0	4.0	3.4
条藜 1 号	4.7	3.6	3.0	3.0	3.0	2.7	3.3
ZK5	4.7	3.7	2.7	3.3	3.0	2.7	3.3
对照	4.3	2.7	1.7	3.3	3.3	4.0	3.2

五、营养品质检测

从各品种的营养品质检测结果来看，陇藜 4 号和陇藜 5 号口感较好，与其粗纤维含量较低有关。ZK5 蛋白质含量最高，为每 100 克藜麦苗含 2.48 克；陇藜 5 号和对照脂肪含量相对较高，分别为每 100 克藜麦苗含 0.57 克和 0.55 克；ZK1 和 ZK2 的维生素 B_2、维生素 C 含量较丰富；SC1 低钠、维生素 C 含量较丰富；陇藜 4 号的钾、镁、钙、锌含量最高；陇藜 5 号和 ZK7 铁含量丰富；ZK2 富硒，硒含量远远高出其他品种/系。综合来看，ZK1 的蛋白质、粗纤维、维生素 B_2、维生素 C、磷、镁、钙、铁、锌、锰 10 项指标含量高于 11 个品种/系的平均值；陇藜 4 号的蛋白质、脂肪、维生素 C、钠、磷、钾、镁、锌、锰 9 项指标含量高于 11 个品种/系的平均值；条藜 1 号的蛋白质、脂肪、粗纤维、钠、钾、镁、钙、锌、锰 9 项指标含量高于 11 个品种/系的平均值。

菜用藜麦品种应具备藜麦茎叶丰产、营养丰富、口味鲜美等优点。通过综合比较了 11 份藜麦品种/系在日光温室种植 36 天后采收后的鲜食部分产量、营养品质和适口性，结果表明，条藜 1 号、陇藜 4 号鲜食部分产量较高，ZK1、陇藜 4 号、条藜 1 号的营养丰富，陇藜 4 号、陇藜 3 号适口性较好。筛选出陇藜 4 号作为菜用藜麦的首选品种。该品种采收期株高 36.0 厘米、茎粗 6.3 厘米、叶片数 16.7 片、单株鲜重 7.8 克，茎叶鲜重产量 15.10 吨/公顷，食用综合评分 3.8 分，其中蛋白质、脂肪、维生素 C、钠、磷、钾、镁、锌、锰 9 项指标含量高于 11 个品种/系的平均值。

第三节　设施栽培技术

一、菜用藜麦生长适宜的环境因子

采用 US350 环境传感器对温室内的光照强度、空气温度、空气湿度、土壤水分、土壤温度进行实时监测（每 1 小时记录 1 次数据）。在 2017 年 2 月 3 日小汤山特菜大观园播种的藜麦试验区内，播后每隔 7 日（即：2 月 10 日、2 月 17 日、2 月 24 日、3 月 2 日、3 月 9 日）对株高、茎粗、叶片数、最大叶长、最大叶宽进行测量，并对从播种日 2 月 3 日早 9：00 至测量日早 9：00 的环境因子进行归纳分析（如 2 月 17 日数据即为 2 月 3 日 9：00 至 2 月 17 日早 9：00 的 US350 环境传感器实时监测数据的统计值）。

从表 7-5 可见，菜用藜麦在 2 月 24 日（播后 3 周）叶片数大于 8 以上时，生长速度加快，株高、茎粗、最大叶长、最大叶宽的日增长速度均要大于 8 叶前。生长期间，温室内的平均光照强度为 2 188.35～3 048.68 勒克斯，平均空气温度为 23.67～25.46℃，平均土壤温度为 24.06～25.70℃，平均空气湿度为 54.72%～70.64%，平均土壤水分含量为 2.93%～8.66%，从播种至收获，菜用藜麦需要≥10℃积温 933.24℃。

表 7-5　菜用藜麦生长动态及环境因子

调查日期	2 月 10 日	2 月 17 日	2 月 24 日	3 月 2 日	3 月 9 日
株高（厘米）	2	5.82	9.05	20.5	33.1
茎粗（厘米）	0.05	0.12	0.2	0.32	0.51
叶片数（片）	2	4～6	8～12	12～14	14～16

（续）

调查日期	2月10日	2月17日	2月24日	3月2日	3月9日
最大叶长（厘米）	1.8	2.3	2.6	3.7	5.8
最大叶宽（厘米）	0.4	1.1	1.9	3.4	5.1
≥10℃有效积温（℃）	201.15	392.76	590.25	757.32	933.24
平均光照强度（勒克斯）	2 781.32	2 679.17	3 048.68	2 590.11	2 188.35
平均空气温度（℃）	25.46	24.83	24.88	23.98	23.67
平均土壤温度（℃）	25.70	25.18	25.38	24.43	24.06
平均空气湿度（%）	69.61	70.64	68.52	60.48	54.72
平均土壤水分含量（%）	7.35	7.70	8.66	5.37	2.93

菜用藜麦的株高、适口性、营养功能成分含量等是决定其采收时期的关键因素。通过研究表明，早春播种，温室内平均土壤温度为24.06～25.70℃，播后37天，菜用藜麦株高增至33.1厘米左右时，菜用藜麦产量高，且质地仍较为鲜嫩，适合用作叶菜。不同时期播种，菜用藜麦采收时间长短随棚室内温度不同略有差异，罗秀秀等（2018）于2018年12月末秋冬茬播种，播后48天菜用藜麦的株高增至37厘米采收最适宜。梅丽等（2022）在11月的阴天寡照天播种藜麦，采收期可延长至60天左右。因此，应根据播种时间，在藜麦苗株高至30厘米左右时，密切关注藜麦茎秆的纤维化程度，做到适时收获。

二、适宜的播种方式与播种量

随机区组试验设计，设置撒播和条播2个处理，每处理设置15、

22.5、30、37.5、45千克/公顷5个播种量水平，3次重复，小区面积4.9米^2（1.4米×3.5米）。撒播折合每小区播种量110.25、165.45、220.5、275.7、330.75克/公顷。条播每小区种7行，行距20厘米，折合每行播种量为15.75、23.7、31.5、39.45、47.25克。

（一）采收期菜用藜麦植株性状比较

不同播种方式与播种量处理对采收期菜用藜麦植株性状的调查见表7-6。同一播种量下，撒播处理的菜用藜麦植株个体生长空间充裕，株高、茎粗、最大叶长、最大叶宽、最大节间长等各项指标均要优于条播处理。同一播种量下，菜用藜麦条播死苗率要高于撒播。同一播种方式比较，随着播种量由15千克/公顷增加至45千克/公顷，死苗率呈上升趋势，撒播死苗率由0.6%增加至15.9%，条播死苗率由3.6%增加至39.9%。荫蔽的生长环境不利于菜用藜麦的生长，因此，当播种量大于37.5千克/公顷时，田间实际株数反而小于播种量30千克/公顷的处理，导致株高随密度的增加，呈现先增加后降低的趋势。

表7-6　不同播种方式与播种量下菜用藜麦的植株性状调查

播种方式	播种量（千克/公顷）	株高（厘米）	茎粗（厘米）	最大叶长（厘米）	最大叶宽（厘米）	最大节间长（厘米）	叶片数（片）	死苗率（%）
撒播	15	30.35	0.52	5.47	4.77	6.28	15.3	0.6
	22.5	35.47	0.55	6.20	4.87	7.49	14.7	2.8
	30	34.80	0.45	6.27	5.43	5.41	15.3	9.6
	37.5	34.80	0.45	5.87	5.20	8.81	15.3	12.8
	45	31.67	0.49	5.80	5.33	5.19	14	15.9
条播	15	27.87	0.50	5.90	5.57	3.99	16	3.6
	22.5	29.80	0.46	5.97	5.00	4.99	15.3	13.6
	30	29.93	0.50	5.77	5.13	4.83	16.7	18.8
	37.5	30.40	0.45	5.63	4.97	5.22	14	30.6
	45	28.03	0.53	5.50	4.90	4.41	14.7	39.9

（二）采收期菜用藜麦产量比较（表7-7）

表7-7 不同播种方式与播种量下菜用藜麦采收期产量调查

播种方式	播种量（千克/公顷）	产量（千克/公顷）			
		重复1	重复2	重复3	平均
撒播	15.0	14 286.45	15 919.20	13 878.30	14 694.60
	22.5	14 694.60	20 205.15	16 796.70	17 232.15
	30.0	21 225.60	24 695.10	18 776.40	21 565.65
	37.5	26 123.55	20 613.30	24 082.80	23 606.55
	45.0	20 409.15	20 205.15	21 429.60	20 681.25
条播	15.0	13 980.30	12 755.70	12 878.25	13 204.80
	22.5	16 327.35	16 225.35	13 776.15	15 442.95
	30.0	17 653.95	12 245.55	13 266.00	14 388.45
	37.5	14 137.50	15 204.90	12 449.55	13 930.65
	45.0	15 102.75	13 538.10	12 857.85	13 832.85

应用SPSS软件进行双因素方差分析，由表7-8可见，播种方式、播种量间存在极显著差异，播种方式×播种量互作效应极显著。

表7-8 方差分析

来源	平方和	自由度	均方	差异显著性	*P*
播种方式	2.184×10^{8}	1	970 610.162	54.610	0.000
播种量	83.275×10^{7}	4	91 942.543	5.173	0.005
播种方式×播种量	7.780×10^{7}	4	86 445.437	4.864	0.007
误差	7.998×10^{7}	20	17 773.409		
总和	8.985×10^{9}	30			

播种量的多重比较结果可见，播种量37.5、30.0、45.0、

22.5 千克/公顷之间差异不显著，与播种量 15 千克/公顷差异极显著，以播种量 37.5 千克/公顷产量最高，为 18 768.6 千克/公顷（表 7-9）。虽然播种量以 37.5 千克/公顷产量最高，但不同播种方式的适宜播种量不同，撒播以 37.5 千克/公顷产量最高，可食用部分产量达到 14 694.60 千克/公顷；条播以 22.5 千克/公顷产量最高，可食用部分产量达到 13 204.80 千克/公顷。由于人工撒播不匀，田间长势不整齐，呈斑秃状。因此，为便于机械化生产、节约劳动成本和保证设施内植株群体的整齐度，建议选择条播方式。

表 7-9　不同播种量间的多重比较

播种量（千克/公顷）	产量（千克/公顷）	差异显著性	
		5%	1%
37.5	18 768.6	a	A
30.0	17 977.1	a	AB
45.0	17 257.1	ab	AB
22.5	16 337.6	ab	AB
15.0	13 949.7	b	B

（三）机械播种及适宜的播种量

采用德易播 2BF-10 蔬菜播种机（彩图 7-4），一次完成播种及镇压环节。设置 11.1、24.0、31.5 千克/公顷 3 个播种量，3 次重复，随机区组排列，每小区面积 9.8 米^2（1.4 米×7.0 米），行距 12 厘米。

不同播种量下的藜麦苗收获时均 16 片叶，随着密度升高，藜麦植株增高，茎粗变细，最大节间伸长，展开度逐渐变小。以 31.5 千克/公顷的产量最高，为 15 150.45 千克/公顷，与播种量 24 千克/公顷产量差异不显著（F=7.62），但极显著高于机械播种量为 11.1 千克/公顷的产量（表 7-10）。因此，为节约成本，应选择机械播种 24 千克/公顷的播种量最适合。

表 7-10 机械不同播种量植株性状及产量比较

播种量（千克/公顷）	株高（厘米）	茎粗（厘米）	最大叶长（厘米）	最大叶宽（厘米）	展开度（厘米）	最大节间长（厘米）	叶片数（片）	平均产量（千克/公顷）
31.5	38.5	0.59	5.95	5	9.69	7.12	16	15 150.45aA
24.0	36.5	0.62	6.2	5.7	10	6.15	16	15 143.55aA
11.1	36.2	0.6	5.7	4.5	11.25	6.24	16	13 864.05bB

（四）有机肥效果比较

设置羊粪、鸡粪 2 个施肥处理，用量为 30 吨/公顷，以不施肥为空白对照，随机区组排列，3 次重复，每小区面积 9.8 米^2（1.4 米×7 米）。行距 12 厘米，机械条播，每小区播种量为 24 千克/公顷。

1. 肥料对菜用藜麦采收期植株性状及产量的影响

从表 7-11 可知，施肥处理植株长势旺，株高、茎粗均优于空白对照。但施肥与不施肥处理产量差异不显著，以施用羊粪产量较好，可食用部分产量 15 722.10 千克/公顷。

表 7-11 施用不同肥料菜用藜麦采收期植株性状及产量表现

处理	株高（厘米）	茎粗（厘米）	最大叶长（厘米）	最大叶宽（厘米）	展开度（厘米）	最大节间长（厘米）	叶片数（片）	平均产量（千克/公顷）
羊粪	44.3	0.61	6	5.2	10.5	7.26	16	15 722.10aA
鸡粪	36.5	0.58	6.2	5.7	11.25	6.15	16	15 150.45aA
空白	34.2	0.48	5.85	4.65	10.2	6.61	16	14 292.90aA

2. 肥料对菜用藜麦采收期品质的影响

矿物质、粗蛋白及皂苷含量检测结果表明，施肥较不施肥处理各项检测指标差异不大（表 7-12）。

表 7-12　施用不同肥料藜麦蔬菜的品质差异

处理	Ca（克）	Fe（毫克）	Mg（毫克）	P（毫克）	K（毫克）	Zn（毫克）	Cu（毫克）	Mn（毫克）	粗蛋白（克）	皂苷（克）
鸡粪	182	35.6	120	678	1 192	6.5	1.3	2.3	8.5	0.043
羊粪	190	38.9	177	645	1 192	6.5	1.3	2.3	8.7	0.043
空白	196	36.1	139	755	1 002	6.9	1.3	2.7	8.1	0.048

注：表中数据为 100 克菜用藜麦的矿物质等成分的含量。

本次试验同时对比检测了旺长、已开花的藜麦老叶，藜麦米及不施肥及时采收的藜麦叶的各项品质指标，结果表明：藜麦叶较藜麦籽粒矿物质含量高，皂苷含量相对较低，粗蛋白含量有所不及；已开花的老叶较正常采收的叶片钙含量明显升高，皂苷含量增加，粗蛋白含量降低（表 7-13）。可见，菜用藜麦在人体微量元素摄取补充方面的优势要优于藜麦米，且菜用藜麦皂苷含量明显降低，较藜麦米省去了因皂苷含量高、口感发涩而烦琐的脱皂苷过程。生产中，为保证藜麦苗较好的口感，应适时收获。

表 7-13　藜麦叶及籽粒的品质差异

处理	Ca（克）	Fe（毫克）	Mg（毫克）	P（毫克）	K（毫克）	Zn（毫克）	Cu（毫克）	Mn（毫克）	粗蛋白（克）	皂苷（克）
嫩叶	196	36.1	139	755	1 002	6.9	1.3	2.7	8.1	0.048
老叶	508	44.5	356	955	1 661	4.8	1.9	0.66	5.8	0.112
籽粒	98.6	3.1	139.5	19.5	499.6	4.8	1.4	1.9	17	0.077

注：表中数据为 100 克菜用藜麦的矿物质等成分的含量。

（五）刈割可行性分析

2019 年 12 月 20 日至 2020 年 1 月 24 日在北京金六环农业园进行试验，结果表明：除条藜 1 号、陇藜 1 号、CK、ZK2 这 4 个品种/系再生能力较差，刈割后茎秆中空，枯死外，其他 7 个品种均可从刈割部位主茎下 1～2 厘米处两侧再次长出 1～2 个分枝和新叶片（彩图 7-5）。7 个品种在 2020 年 1 月 24 日二次刈割测产时的茎叶鲜重为9.92～13.02吨/公顷，与头茬产量基本持平，以陇藜4号产量最高（表7-14）。

表7-14 2020年1月24日各品种/系植株及测产情况

品种/系	株高（厘米）	展开度（厘米）	最大节间长度（厘米）	单株鲜重（克）	刈割产量（吨/公顷）
陇藜4号	33.6	18.13	8.8	6.6	13.02
ZK5	30.6	16.80	3.5	6.5	12.87
陇藜5号	32.1	18.01	8.8	6.4	12.61
SC1	27.3	16.22	7.2	6.2	12.28
陇藜1号	31.6	17.61	8.6	6.2	12.25
ZK1	30.5	16.31	8.7	5.9	11.68
ZK7	30.2	15.22	8.7	5.2	9.92

刈割主要是利用植物的再生性，达到叶腋芽再生而省种、省工的目的，目前在苜蓿等牧草上普遍应用。崔纪菡等（2019）报道采用留茬10～15厘米的方式进行刈割收获，但刈割后的二次收割产量未见报道。本文对11个品种/系进行刈割首次尝试，刈割的次数和刈割后的藜麦苗的产量、口感及品质表现还有待进一步研究。

（六）其他田间管理措施

播种前，施羊粪或鸡粪30吨/公顷。将肥料撒施均匀后，施足底水，晾晒1～2天后，翻耕20厘米以上，耙平，作成1.0～1.5米宽的畦。秋冬茬出苗后15天喷淋或滴灌第一水（因苗较弱，不可大水喷淋），之后每隔7天喷淋/滴灌1次；早春茬应根据情况，缩短滴灌间隔时间。5片真叶时，结合田间除草，及时疏剔过密幼苗，株距以1厘米左右为宜，生长期需除草3～4次。注意设施内通风透气，平均空气温度20～25℃，平均空气湿度65%～80%为宜。

（七）病虫害防治措施

菜用藜麦的主要病虫害有猝倒病、霜霉病和蚜虫等。

1. 农业防治

轮作、施用腐熟有机肥可减少病虫源、降低病虫基数。

2. 物理防治

用黄板诱杀蚜虫，放置密度为450～600块/公顷。

3. 药剂防治

①猝倒病。用75%百菌清可湿性粉剂500倍液或65%可湿性粉剂甲霜灵1 000～1 500倍液喷防。②霜霉病。及时拔除病株，带出田外销毁，或于发病初期用75%百菌清可湿性粉剂500倍液喷雾，发病较重时用58%甲霜·锰锌可湿性粉剂500倍液喷雾。

（八）适时采收

苗高25～30厘米为适宜采收期（彩图7-6）。越冬栽培50～60天为最佳采收期、早春栽培35天左右为最佳采收期。大部分品种需采用贴根剪的方式收获，之后清理棚室再重新播种；个别再生能力强的品种可采用留茬10厘米、带2～4片叶的方式进行刈割收获。

第四节　应用前景

2017年，北京市农业技术推广站组织专家对藜麦蔬菜栽培技术、营养品质检测、菜品加工等方面进行鉴定，确定了藜麦蔬菜可作为一种新型蔬菜在北京推广种植。北京菜用藜麦自引种及示范种植以来，各区农户发挥了聪明才智，创新了菜用藜麦的销售模式，如金惠农农业专业合作社和北京食为先生态农业园有限责任公司以订单销售为主；北京红泥乐现代农业有限公司以网店＋社区配送为主；北京银黄绿色农业生态园有限公司以采摘＋宅配为主，这些多元化销售模式方式有效促进了京郊农民增收。在取得成绩的同时，北京菜用藜麦的长远发展还有赖于政府的扶持、高特色营销方式的探索和自主专用型品种的选育等（彩图7-7至彩图7-10）。

一、加大政府扶持力度

自2015年引种藜麦以来，北京市主要靠农业项目的推动，开展菜用藜麦的栽培技术研究及示范。近年来，政府对藜麦的项目支持力度减弱，部分区县开展的藜麦项目也主要是围绕籽粒藜麦及藜麦米的深加工，在菜用藜麦上的投入较少。应继续加大政府扶持力度，使菜用藜麦在提质增效、扩大技术应用面积方面更上一个台阶。近年，北京市曾在CCTV－7《绿色时空》栏目的《藜麦：你不知道的高原“新丁”》节目中（彩图7－11），对菜用藜麦做了一期宣传，但其他媒体宣传较少。今后，除项目扶持外，政府还可在电视、报刊、观摩培训宣传等方面，帮助种植者和消费者建立沟通衔接的桥梁，让更多的人能认识菜用藜麦这一新兴蔬菜作物，提升北京菜用藜麦的品牌价值。

二、选育专用型菜用藜麦品种

近年，北京市农业科技项目可为农户免费补贴菜用藜麦种子，但无法保证持续稳定供应。应培育种子生产和销售主体，筛选更加经济、优质、特色的藜麦菜用品种，保障北京市菜用藜菜种子的自给自足，杜绝外来病虫害入侵传播。

三、建立特色营销方式

目前，菜用藜麦的种植方式以温室直播为主，由于最初的栽培方式筛选侧重于产量因素，直接淘汰了穴盘栽培。但穴盘或者花盆栽培可以给消费者更加直观的视觉效果，可以放在屋内窗前，现采摘现烹饪，其独特的观赏性不仅能为饭店增添绿色生机，还能保证了原料的新鲜程度，增加了消费者的食欲。今后，应引导园区或饭店拓宽藜麦种植销售方式，满足特色营销的市场需求。

参考文献

崔纪菡，魏志敏，刘猛 .2019. 新型叶菜类蔬菜——藜麦菜的营养与潜力 [J]. 河北农业科学，23 (2)：57-59.

罗秀秀，秦培友，杨修仕，等 .2018. 藜麦苗生长过程中功能成分含量及抗氧化活性变化研究 [J]. 作物杂志 (2)：123-128.

梅丽，韩立红，周继华 .2022. 藜麦菜用品种筛选及刈割可行性初探 [J]. 中国农学通报，38 (31)：31-37.

梅丽，韩立红，祝宁，等 .2022. 藜麦菜的设施栽培技术 [J]. 浙江农业科学，63 (10)：2286-2290.

梅丽，周继华，王俊英 .2020. 北京市藜麦蔬菜温室栽培试验初报 [J]. 中国农学通报，36 (10)：53-59.

CHAPTER 8
第八章

藜麦的营养及功效

藜麦籽可粮用，幼苗可菜用。藜麦籽的食用方法同大米相似，也可用于熬粥或制成烘焙产品，如饼干、面包、意大利面以及煎饼。而藜麦幼苗食用方法类似菠菜，其嫩芽可制作沙拉。

第一节　藜麦的营养

藜麦是唯一全营养完全蛋白碱性食物，胚乳占种子的68%，且具有营养活性，蛋白质含量高达13%～22%（牛肉20%），品质与奶粉及肉类相当，富含多种氨基酸，其中有人体必需的9种氨基酸，比例适当，易于吸收，尤其富含植物中缺乏的赖氨酸，钙、镁、磷、钾、铁、锌、硒、锰等矿物质营养高，富含不饱和脂肪酸、类黄酮、B族维生素和维生素E、胆碱、甜菜碱、叶酸、α-亚麻酸、β-葡聚糖等多种有益化合物，膳食纤维素含量高达7.1%，胆固醇为0，不含麸质，低脂，低热量（305千卡*/100克），低升糖指数（GI升糖值35，低升糖标准为55）。

一、藜麦籽的营养

西藏农牧学院的贡布扎西曾于1995年报道，南美藜具有极高的营养价值，平均蛋白质含量为16.7%，有些品种蛋白质含量高达20%以上；脂肪含量在7%左右；全钙0.74%，全铁

* 千卡为非法定计量单位，1千卡≈4.184千焦。

0.73%，全磷72.72毫克/千克；各种维生素含量也很高。许多藜麦品种的赖氨酸、亮氨酸、色氨酸、蛋氨酸的含量高于食用菌，色氨酸的含量甚至高于牛肉、牛奶和大豆的平均含量，同时南美藜纤维含量很低，例如青稞（裸大麦）中粗纤维含量为7.5%，玉米含量为5.5%，小麦为3.0%，稻米2.2%，而南美藜却仅为1.39%。

申瑞玲等（2016）综述了Carodzo等人对藜麦主要营养组成的报道，由表8-1可见，每100克藜麦籽蛋白质、碳水化合物、脂肪、膳食纤维和灰分的含量分别为12.1～16.5、57.2～74.7、5.0～6.3、3.8～10.5、2.0～3.8克。

表8-1 藜麦主要营养成分含量（申瑞玲等，2016）

单位：克

营养成分	Carodzo (1979)	Koziol (1992)	Wright (2002)	Repo-carrasco (2003)	Nascimento (2014)
蛋白质	13.8	16.5	15.3	14.4	12.1
碳水化合物	59.7	69.0	74.7	72.6	57.2
脂肪	5.0	6.3	5.5	6.0	6.3
膳食纤维	4.1	3.8	10.5	4.0	10.4
灰分	3.4	3.8	3.2	2.9	2.0

注：表中数据为每100克藜麦籽营养成分含量。

受地理条件和品种的影响，不同地区藜麦营养物质含量存在一定的差异。表8-2列出了国内浙江、西藏等10个藜麦产区及玻利维亚等5个国外藜麦产区的营养成分含量差异，可以看出：蛋白质含量为7.13%～16.34%；藜麦淀粉含量为48.20%～70.70%；脂肪含量为4.73%～7.70%；各地藜麦纤维含量差别略大，为2.0%～11.3%；灰分含量相差不是太大，为2.20%～3.70%。

表 8-2 不同地区藜麦营养成分含量（胡秋霞，2022）

单位：%

国家及地区	蛋白质	淀粉	脂肪	纤维	灰分
浙江	7.13	—	6.80	—	—
西藏	12.80	50.30	6.37	2.60	2.70
甘肃	13.80	48.20	6.59	—	3.70
山西	12.98	60.56	6.52	—	2.32
陕西	12.68	56.81	—	5.96	2.50
青海	13.84	51.08	6.53	4.73	0.83
宁夏	15.00	—	5.40	11.30	—
四川	16.34	—	6.04	—	4.50
云南	13.44	61.25	5.62	—	—
内蒙古	13.10	49.00	7.70	2.00	2.20
玻利维亚	13.57	58.74	6.49	2.43	2.21
秘鲁	13.66	—	5.30	—	2.63
韩国	15.83	66.14	4.73	—	3.40
西班牙	11.62	—	5.11	—	2.07
美国	10.65	70.70	6.01	—	3.07

（一）蛋白质

藜麦中蛋白质含量十分丰富，含有 17 种以上氨基酸，是全谷物中氨基酸含量最全面的，含量远远高于其他常见谷物（表 8-3、表 8-4），约为稻米、玉米蛋白含量的两倍（王启明，2020；申瑞玲等，2015）。氨基酸可以帮助机体消化和吸收蛋白质，一旦人体缺乏任何一种必需或者某些非必需的氨基酸，可能会导致生理功能异常而诱发多种疾病。赖氨酸对促进免疫反应中抗体的形成、调节脂肪酸代谢、促进钙的吸收和运转，以及在参与细胞损伤修复和癌症预防等方面有重要作用。经过烹调后，蛋白质中的赖氨酸和蛋氨酸比例提高，蛋白质功效值提高了 30%。在人体每日摄入氨基酸的推荐量中，藜麦可提供精氨酸推荐量的395%～470%、组氨酸推荐量的159%～176%、苯丙氨酸推荐量的119%～128%、赖氨酸推荐量的118%～124%、异亮氨酸推荐量的97.5%～130%、半胱氨酸+蛋氨酸推荐量的212%、苯丙氨酸+酪氨酸推荐量的108%～114%、苏氨酸推荐量的103%～121%，因此，藜麦蛋白是一种营养全面的优质植物蛋白（Jancurova M，2009）

表8-3　藜麦与常见谷物蛋白质含量比较（王启明，2020）

种类	藜麦	小麦	水稻	玉米	大麦	荞麦	黑米	高粱
每100克谷物蛋白质含量（克）	14.12	13.68	6.81	9.42	9.91	9.3	10.34	10.62

表8-4　藜麦与常见谷物蛋白质含量的比较（申瑞玲等，2015）

种类	藜麦	小麦	稻米	玉米	小米
每100克谷物蛋白质含量（克）	14.9	11.9	7.4	8.8	9.7

申瑞玲等（2015）比较了黑色、红色、乳白色3种进口南美藜麦LMB、LMR、LMW和国产乳黄色藜麦LMG的蛋白质含量，结果表明，4种藜麦蛋白质含量为14.18%～15.61%（表8-5）。

表8-5　藜麦蛋白质含量表（申瑞玲等，2015）

品种/系	每100克藜麦蛋白质含量（克）
LMB	15.61±0.14
LMR	15.05±0.17
LMW	14.18±0.14
LMG	14.65±0.16

此外，Ruales等通过动物喂养实验发现，藜麦蛋白质的溶解性比一般谷物高，其溶解范围为47%～93%，与鸡蛋蛋白相似。

陈树俊等（2016）汇总分析了Ranhotra G、Repo-Carrasco R

和 USDA 的研究结果（表 8-6），结果与 Jancurova M 等（2009）的分析结果相似，即藜麦必需氨基酸含量高于一般谷物（如小麦、玉米等），其中，每 100 克藜麦谷氨酸含量最高，平均为 13.21 克，其次为天冬氨酸、精氨酸、亮氨酸、赖氨酸、甘氨酸、缬氨酸等。赖氨酸含量是大麦、大豆和硬粒小麦的 1.5 倍左右。

表 8-6　藜麦、大麦、大豆和小麦的氨基酸组成（陈树俊等，2016）

单位：克

氨基酸种类	藜麦	大麦	大豆	小麦
谷氨酸	13.21	26.12	19.51	19.51
天冬氨酸	8.03	6.25	9.4	9.4
精氨酸	7.73	5.01	8.34	8.34
亮氨酸	5.95	9.82	8.28	8.28
赖氨酸	5.42	3.72	3.62	3.62
甘氨酸	4.92	3.62	4.55	4.55
缬氨酸	4.21	4.9	6.11	6.11
苯丙氨酸	4.2	5.61	5.35	5.35
丙氨酸	4.16	3.9	5.8	5.8
丝氨酸	4.02	4.22	5.26	5.26
异亮氨酸	3.57	3.65	4.32	4.32
苏氨酸	2.98	3.4	3.58	3.58
组氨酸	2.88	2.25	2.35	2.35
甲硫氨酸	2.18	1.92	2.35	2.35
酪氨酸	1.89	2.87	3.34	3.34
半胱氨酸	1.44	2.21	2.05	2.05
色氨酸	1.18	1.66	1.15	1.15

注：表中数据为每 100 克谷物的氨基酸含量。

申瑞玲等（2016）综述了多人研究结果（表 8-7），结果也表明，藜麦必需氨基酸含量高于一般谷物（如小麦、水稻等），其中，赖氨酸含量约是小麦、水稻的 2 倍，低于大豆；亮氨酸含量最高，每 100 克藜麦最高含 19.6 克，此外，组氨酸、苏氨酸的含量也高于小麦和水稻。

表 8-7　藜麦与小麦、水稻、大豆氨基酸组成比较（申瑞玲等，2016）

单位：克

氨基酸种类	藜麦					小麦	水稻	大豆
	Koziol M J	Wright K H	Repo-Carrasco R	Nascimento A C	平均			
组氨酸	2.4	3.1	2.7	2.9	2.8	2.2	1.3	2.5
异亮氨酸	5.8	3.3	3.4	0.8	3.3	3.8	2.5	4.9
亮氨酸	9.6	5.8	6.1	2.3	6.0	6.8	4.8	7.6
赖氨酸	7.6	6.1	5.6	2.4	5.4	2.9	2.1	6.4
甲硫氨酸+半胱氨酸	2.0	2.0	4.8	0.6	2.4	4.0	2.1	2.9
苯丙氨酸+酪氨酸	9.4	6.2	6.2	2.7	6.1	7.6	5.8	8.4
苏氨酸	4.7	2.5	3.4	6.7	4.3	3.1	2.1	4.2
色氨酸	1.2	—	1.1	1.0	1.1	1.1	1.2	1.3
缬氨酸	7.5	4.0	4.2	1.0	4.1	4.7	3.6	5.0

注：表中数据为每 100 克谷物的氨基酸含量。

胡秋霞等（2022）汇总分析了浙江、西藏等地藜麦的氨基酸含量检测结果（表 8-8），结果表明，各地藜麦氨基酸的组成类型相差不大，但相对含量有一定的差异，每 100 克藜麦谷氨酸平均含量为 16.1 克，各地藜麦精氨酸、赖氨酸、苯丙氨酸、组氨酸均值普遍高于 FAO 推荐的摄入量。

表 8-8　不同国家及地区藜麦氨基酸含量（胡秋霞等，2022）

单位：克

国家及地区	天冬氨酸	谷氨酸	丝氨酸	甘氨酸	精氨酸	苏氨酸	脯氨酸	丙氨酸	缬氨酸
浙江	7.5	14.00	3.80	5.60	6.80	3.30	3.40	4.10	4.20
西藏	10.20	18.20	5.10	6.90	9.80	4.00	4.00	5.30	5.10

（续）

国家及地区	天冬氨酸	谷氨酸	丝氨酸	甘氨酸	精氨酸	苏氨酸	脯氨酸	丙氨酸	缬氨酸
甘肃	4.66	15.96	4.37	5.86	8.02	4.47	5.86	5.30	4.40
河北	3.73	14.52	3.17	4.96	6.81	3.43	4.86	4.43	3.91
山西	4.57	12.88	3.30	5.86	7.22	4.71	5.47	5.25	4.06
陕西	7.88	16.63	5.45	6.18	8.25	3.60	5.55	5.15	5.48
青海	11.00	19.10	5.70	8.10	11.10	7.10	6.70	6.30	4.00
宁夏	7.44	13.46	3.98	4.97	8.19	3.33	3.34	3.85	3.75
四川	13.30	21.90	6.50	8.20	12.20	4.90	4.60	6.60	7.00
云南	4.67	15.64	3.78	5.38	7.64	4.31	5.71	4.77	4.51
内蒙古	4.54	14.78	3.64	5.69	7.52	4.58	5.34	5.16	4.46
玻利维亚	4.85	15.87	4.16	5.94	7.96	5.87	6.32	6.03	5.06
秘鲁	5.13	16.40	4.42	6.91	7.64	5.41	4.83	5.15	5.83
平均值	6.88	16.10	4.41	6.20	8.40	4.54	5.08	5.18	4.75

国家及地区	蛋氨酸	半胱氨酸	异亮氨酸	亮氨酸	苯丙氨酸	组氨酸	赖氨酸	酪氨酸	氨基酸总量
浙江	0.84	0.87	3.50	5.70	3.50	2.40	5.40	1.20	76.11
西藏	2.00	1.70	4.30	7.70	4.60	4.40	6.80	2.30	102.40
甘肃	2.54	3.01	4.68	4.89	4.63	2.98	6.03	8.67	96.33
河北	2.03	2.19	4.11	4.26	4.14	2.74	5.46	8.24	82.99
山西	3.98	2.01	4.91	5.18	4.38	2.56	5.58	8.96	90.88
陕西	3.25	—	4.43	9.25	4.63	3.15	6.98	3.15	99.01
青海	1.30	0.60	3.40	4.80	5.50	3.30	10.80	2.10	110.90
宁夏	1.25	0.74	3.22	5.52	3.35	3.07	5.16	2.65	77.27
四川	2.20	3.20	5.20	9.40	4.70	6.50	8.60	2.50	127.50
云南	2.61	2.91	4.81	4.58	4.77	2.96	5.87	8.87	93.79
内蒙古	2.49	2.76	4.52	4.74	4.62	2.67	5.62	9.01	92.14

（续）

国家及地区	蛋氨酸	半胱氨酸	异亮氨酸	亮氨酸	苯丙氨酸	组氨酸	赖氨酸	酪氨酸	氨基酸总量
玻利维亚	3.14	2.16	5.21	6.95	5.03	3.02	6.83	8.64	103.04
秘鲁	2.16	1.78	4.93	7.26	4.81	2.49	6.76	8.86	100.77
平均值	2.29	1.84	4.40	6.17	4.51	3.25	6.61	5.78	96.39

注：表中数据为每100克藜麦籽的氨基酸含量。

著者2015年采集北京部分示范点的藜麦样品进行品质分析。藜麦籽粒烘干后，高速粉碎机磨碎，过80目筛后采用高效液相色谱法（HPLC-DAD-ESI-TOF-MS）进行分析。结果表明，以延庆区延庆农场收获的藜麦粗蛋白含量较高，为每100克藜麦含18.59克（表8-9）。

表8-9　不同示范点藜麦品质表现

地点	延庆永宁	延庆农场	延庆四海	房山大安山	平均
每100克藜麦籽粗蛋白含量（克）	17.5	18.59	15.15	16.53	16.94

著者2017年采集334米（昌平区延寿镇分水岭村）、478米（延庆区延庆镇西白庙村）、587米（延庆区香营乡上垙村）和635米（延庆区刘斌堡镇下虎叫村）4个海拔梯度收获的陇藜1号、陇藜3号、红藜1号籽粒，委托北京谱尼测试集团股份有限公司参照GB5009.5—2016、GB5009.124—2016进行检测。由表8-10可见，北京地区藜麦米的蛋白质平均含量为16.9%，在Vega-Galvez A等的测定结果（12%～23%）范围之内。其中，蛋白质含量高于国内周海涛等（2014）、胡一波等（2017）、石振兴等（2017）、时俊帅等（2019）、延莎等（2020）的现有报道（蛋白质14.03%～16.04%），特别是红藜1号的蛋白含量高达19.6%～20%，是优异的高蛋白品种。北京藜麦中检测到16种氨基酸，每100克籽粒中氨基酸的平均含量为0.88～12.23克，其中人体必需氨基酸的平均含量为0.88～5.05克。

表 8-10 不同品种不同海拔高度的藜麦蛋白质及氨基酸含量

单位：克

氨基酸	334 米			478 米		587 米			635 米		平均
	陇藜3号	陇藜1号	红藜1号	陇藜1号	红藜1号	陇藜3号	陇藜1号	红藜1号	陇藜3号	陇藜1号	
蛋白质	17.30	13.30	19.60	16.60	20.00	17.20	15.00	19.60	15.90	14.00	16.90
天门冬氨酸	6.88	6.39	6.48	6.69	6.75	6.40	6.60	5.92	6.35	6.86	6.53
苏氨酸（必需）	2.49	2.78	2.81	2.83	3.00	2.73	2.93	2.55	2.52	2.50	2.71
丝氨酸	2.14	3.01	3.21	2.83	3.25	2.79	3.20	2.96	2.89	2.57	2.89
谷氨酸	12.95	11.73	12.40	12.11	12.20	11.98	12.27	11.28	12.39	13.00	12.23
脯氨酸	3.12	3.23	3.16	3.19	3.30	3.08	2.93	2.81	2.52	2.71	3.01
甘氨酸	5.03	4.51	4.49	5.00	4.55	4.59	4.60	3.98	4.72	5.07	4.65
丙氨酸	3.58	3.46	3.27	3.73	3.60	3.37	3.53	2.91	3.08	3.57	3.41
缬氨酸（必需）	4.05	3.68	3.52	4.10	3.85	3.72	3.60	3.11	3.21	4.00	3.68
蛋氨酸（必需）	0.64	0.68	0.92	0.78	1.30	0.87	0.80	1.07	—	—	0.88
异亮氨酸（必需）	3.35	3.01	3.01	3.37	3.20	3.14	2.93	2.60	2.52	3.00	3.01
亮氨酸（必需）	5.14	4.96	4.90	5.18	5.25	4.94	5.07	4.44	4.47	4.93	4.93
酪氨酸	1.56	1.43	1.68	1.87	1.60	1.63	1.67	1.38	0.82	0.93	1.46
苯丙氨酸（必需）	3.41	3.16	3.21	3.43	3.45	3.26	3.27	2.96	2.64	2.86	3.17
赖氨酸（必需）	5.14	5.19	4.90	5.24	5.30	5.00	5.40	4.23	4.78	5.36	5.05

（续）

氨基酸	334 米			478 米		587 米			635 米		平均
	陇藜3号	陇藜1号	红藜1号	陇藜1号	红藜1号	陇藜3号	陇藜1号	红藜1号	陇藜3号	陇藜1号	
组氨酸（必需）	2.60	2.33	2.35	2.35	2.40	2.44	2.40	2.14	1.82	2.00	2.28
精氨酸	7.17	6.02	7.30	6.51	6.85	6.69	6.47	6.53	6.16	6.36	6.61
16种氨基酸总量	69.36	65.41	67.86	69.28	70.00	66.86	68.00	60.71	61.01	65.71	66.4
必需氨基酸占比（%）	34.9	35.9	34.3	36.0	36.2	35.4	35.3	34.5	31.6	33.2	34.7

注：表中数据为每100克藜麦籽的蛋白质或氨基酸含量。

（二）脂肪

每100克藜麦籽中脂肪平均含量是5.0～7.2克，是玉米的2倍左右，因而藜麦在植物油提取方面具有重要的开发前景（王黎明，2014）。其中，甘油三酸酯占50%以上，甘油二酸酯遍布整个籽粒，占中性脂类含量的20%，而溶血磷脂酰胆碱占57%。藜麦种子中含有大量的饱和脂肪酸和不饱和脂肪酸，其中，不饱和脂肪酸占总脂肪酸的比例在83%以上，具有降低低密度脂蛋白，升高高密度脂蛋白的功效，此外，高不饱和脂肪酸比例在维持脂膜流动性方面也具有一定功效。藜麦中的脂肪酸组成为：总饱和脂肪酸19%～12.3%，主要是棕榈酸；总单不饱和脂肪酸25%～28.7%，主要是油酸；总多不饱和脂肪酸58.3%，主要是亚油酸（约90%）亚油酸可被代谢为花生四烯酸，亚麻酸可被代谢为二十碳五烯酸（EPA）和二十二碳六烯酸（DHA）。EPA和DHA对防治前列腺素、血栓、动脉粥样硬化等有重要作用。藜麦油脂中富含不饱和脂肪酸，属于高品质油类原料，其油脂肪酸组成与玉米油和大豆油相似，已被作为具有潜在价值的油料作物。

申瑞玲等（2015）结果表明，4个藜麦品种的脂肪含量每100克籽粒在6.67～6.90克（表8-11），远高于小麦、玉米、稻米、小米等常见谷物的脂肪含量（表8-12）。王启明（2020）研究结果也表明，每100克藜麦籽粒的脂肪含量为6.07克，远高于小麦、水稻、玉米、大麦、荞麦、黑米、高粱等谷物的脂肪含量，约是小麦脂肪含量的2.5倍，水稻的11倍（表8-13）。

表8-11　藜麦脂肪含量表（申瑞玲等，2015）

品种/系	LMB	LMR	LMW	LMG
每100克籽粒脂肪含量（克）	6.87	6.67	6.86	6.90

表8-12　藜麦与常见谷物脂肪含量的比较（申瑞玲等，2015）

种类	藜麦	小麦	稻米	玉米	小米
每100克籽粒脂肪含量（克）	6.8	1.3	0.8	3.8	1.7

表8-13　藜麦与常见谷物脂肪含量比较（王启明，2020）

种类	藜麦	小麦	水稻	玉米	大麦	荞麦	黑米	高粱
每100克籽粒脂肪含量（克）	6.07	2.47	0.55	4.74	1.3	2.3	1.63	3.46

据美国农业部（USDA）2013年的数据显示（表8-14），藜麦脂肪酸中亚油酸含量最高，其次为油酸；与水稻和大豆比，藜麦肉豆蔻酸等的大部分脂肪酸含量高于水稻，但不及大豆。

王启明（2020）汇总了不同产地藜麦脂肪酸组成及相对含量，由表8-15可见，不同产地藜麦脂肪酸组成相似但含量有显著差异，其中亚油酸（C18：2）相对含量最高均达到51.6%以上。藜麦籽粒含多种不饱和脂肪酸（油酸、亚油酸、α-亚麻酸等）含量占总脂肪酸含量的77.3%～81.1%，其中，单不饱和脂肪酸

(MUFA) 含量为 17.5%～28.7%，多不饱和脂肪酸 (PUFA) 含量为 58.5%～69.1%；人体必需脂肪酸（亚油酸、α-亚麻酸）含量占总脂肪酸含量的 56.5%～67.5%，其中四川藜麦品种亚油酸和 α-亚麻酸相对含量显著高于其他产地，分别为 59.82%、7.67%。

表 8-14　藜麦、水稻和大豆中脂肪酸含量

单位：克

作物	肉豆蔻酸	棕榈酸	硬脂酸	油酸	亚油酸	亚麻酸
藜麦	0.015	0.008	0.046	1.604	4.256	0.509
水稻	0.003	0.125	0.010	0.159	0.114	0.024
大豆	0.055	2.116	0.712	4.348	9.925	1.330

注：表中数据为每 100 克谷物中脂肪酸的含量。

表 8-15　不同产地藜麦脂肪酸组成及相对含量（王启明，2020）

单位：%

产地	饱和脂肪酸				不饱和脂肪酸				
	豆蔻酸	棕榈酸	硬脂酸	花生酸	油酸	亚油酸	α-亚麻酸	顺-7-十六碳烯酸	花生四烯酸
四川	0.25	12.10	0.68	0.36	17.49	59.82	7.67	0.47	1.17
青海	0.15	9.29	0.68	0.44	28.65	52.48	6.52	0.28	1.51
山西	0.21	10.69	0.67	0.43	23.43	55.49	7.47	0.09	1.53
秘鲁	0.17	10.63	0.50	0.44	27.19	53.56	5.25	0.33	1.94
玻利维亚	0.13	12.14	0.75	0.58	27.95	52.95	3.51	0.18	1.81
云南	0.16	10.58	0.65	0.46	26.38	54.54	5.67	0.22	1.34
内蒙古	0.18	11.32	0.59	0.52	25.42	54.01	6.4	0.31	1.25
西藏	0.14	10.85	0.74	0.47	24.39	55.84	6.26	0.19	1.12
河北	0.17	12.06	0.68	0.69	25.71	52.2	6.38	0.47	1.64
甘肃	0.19	11.66	0.66	0.52	27.6	51.61	5.92	0.46	1.38

由于含有多种不饱和脂肪酸，藜麦具有降低低密度脂蛋白胆固醇（LDL-C），升高高密度脂蛋白胆固醇（HDL-C）的作用，能够有效预防血管动脉粥样硬化。临床试验表明，35 岁的超重女性每天摄入 25 克藜麦粉，连续 4 周，血清中甘油三酯（TG）和总胆固醇（TC）含量都明显下降，谷胱甘肽含量则显著提高（申瑞玲，2016）。

著者 2017 年采集北京 334、478、587 和 635 米 4 个海拔梯度收获的陇藜 1 号、陇藜 3 号、红藜 1 号籽粒，委托谱尼测试集团股份有限公司参照 GB 5009.6—2016 进行检测。结果表明（表 8-16），北京地区藜麦米的脂肪平均含量为 6.6%，均在 Vega-Galvez A 等的测定结果（1.8%～9.5%）范围之内，脂肪含量接近于周海涛等（2014）、胡一波等（2017）、石振兴等（2017）、时俊帅等（2019）、延莎等（2020）的报道（5.68%～7.57%）。

表 8-16 不同品种（系）在不同海拔高度的脂肪含量

项目	334 米			478 米		587 米			635 米		平均
	陇藜 3 号	陇藜 1 号	红藜 1 号	陇藜 1 号	红藜 1 号	陇藜 3 号	陇藜 1 号	红藜 1 号	陇藜 3 号	陇藜 1 号	
每 100 克样品脂肪含量（克）	7	6.9	7.8	6	8	5.7	6.1	6.8	5.9	6.3	6.6

（三）碳水化合物

组成藜麦的碳水化合物中，淀粉含量最高，占干物质总量的 58%～64.2%（Repo-Carrasco R 等，2023）。此外，藜麦中木糖和麦芽糖含量较高，而葡萄糖和果糖含量较低（Ogungbenle H N 等，2003）。有研究指出每 100 克藜麦中，葡萄糖、果糖、蔗糖和麦芽糖的含量分别为 1.70、0.20、2.90、1.40 毫克，并指出藜麦是一种低果糖葡萄糖指数（FGI）食物，能在糖脂代谢过程中发挥有益功效。

王黎明等（2014）综述了多位研究者对藜麦碳水化合物与常见

谷物碳水化合物含量的比较（表 8-17），可见藜麦的碳水化合物低于或接近于小麦、稻米、玉米等常见谷物。

表 8-17　藜麦与常见谷物碳水化合物含量的比较（王黎明等，2014）

谷物	藜麦	小麦	稻米	玉米
每 100 克样品碳水化合物含量（克）	60.0～74.7	75.2	77.9	74.7

注：范围指已报道最低值与最高值。

碳水化合物根据其聚合度可以分为 3 类：糖（单糖、双糖、糖醇）、寡糖和多糖（淀粉和非淀粉）。淀粉是藜麦碳水化合物的主要组成成分，含量在 52.2%～69.2%，品种不同，其含量也可能不同（Ando H 等，2002；Oshodi A 等，1999）。藜麦淀粉是 A-type 晶型结构，含量占籽粒干重的 58.1%～64.2%。其中，链长较短的直链淀粉约占 4.7%～17.3%，超长支链所占比重高达 13%～19%（Ahmed J 等，2018）。这种独特的结构，使得藜麦淀粉在不同温度下具有更好的热力学稳定性和流变性，可用于进行特殊材料的开发。另外，有研究报道藜麦淀粉可有效降低血糖，每 100 克藜麦淀粉中主要含有 120 毫克 D-木糖和 101 毫克麦芽糖，而葡萄糖（19.0 毫克）、果糖（19.6 毫克）的含量很低（Wefers D 等，2015）。

申瑞玲等（2015）研究结果表明，4 个藜麦品种的淀粉含量为每 100 克样品 52.28～61.85 克，低于小麦、玉米、稻米、小米等常见谷物的淀粉含量。王启明（2020）研究结果也表明，每 100 克藜麦样品淀粉含量为 64.16 克，低于小麦、水稻、玉米、大麦、荞麦、黑米、高粱等谷物的淀粉含量。

著者 2017 年采集北京 334、478、587 和 635 米 4 个海拔梯度收获的陇藜 1 号、陇藜 3 号、红藜 1 号、红藜 2 号籽粒，委托谱尼测试集团股份有限公司参照 GB 5009.9—2016 检测淀粉含量。由表 8-18 可见，北京地区藜麦的淀粉平均含量为每 100 克样品

45.1克，均在 Vega－Galvez A 等的测定结果（32%～75%）范围之内，淀粉含量低于周海涛等（2014）、胡一波等（2017）、石振兴等（2017）、时俊帅等（2019）、延莎等（2020）的国内报道。

表 8－18 不同品种/系在不同海拔高度的淀粉含量

项目	334米			478米		587米			635米		平均
	陇藜3号	陇藜1号	红藜1号	陇藜1号	红藜1号	陇藜3号	陇藜1号	红藜1号	陇藜3号	陇藜1号	
每100克样品淀粉含量（克）	41.8	47.3	42.4	44.1	42.9	47.5	46.1	42.8	46.5	49.1	45.1

（四）膳食纤维

膳食纤维在调节肠道健康，降低胆固醇，预防心血管疾病、糖尿病和结肠癌等癌症方面具功效。藜麦膳食纤维含量丰富，是可溶性及不可溶性纤维素的优良来源，2种纤维素对调节血糖水平和降低胆固醇都有着非常重要的作用。藜麦的升糖指数是35，大米是90，食用藜麦后血糖不会明显升高，因此，可以作为糖尿病人的主食。还有研究指出藜麦膳食纤维的持水性强，在增强饱腹感方面的作用明显，适合减肥人群食用，是目前国际市场上流行的减肥食品之一。

申瑞玲等（2015）结果表明，4个藜麦品种的膳食纤维含量为每100克样品10.45～14.62克，高于小麦、玉米，远高于稻米和小米的膳食纤维含量（表8－19、表8－20）。王启明（2020）研究结果也表明（表8－21），藜麦的膳食纤维含量为每100克样品7.0克，高于水稻、荞麦、高粱等谷物的膳食纤维含量。

表 8－19 藜麦膳食纤维成分表（申瑞玲等，2015）

品种/系	LMB	LMR	LMW	LMG
每100克样品膳食纤维含量（克）	14.62	14.53	10.45	11.93

表 8-20　藜麦与常见谷物膳食纤维含量的比较（申瑞玲等，2015）

谷物	藜麦	小麦	稻米	玉米	小米
每 100 克样品膳食纤维含量（克）	12.9	10.8	0.7	8	0.1

表 8-21　藜麦与常见谷物膳食纤维含量比较（王启明，2020）

谷物	藜麦	小麦	水稻	玉米	大麦	荞麦	黑米	高粱
每 100 克样品膳食纤维含量（克）	7.0	10.7	2.8	7.3	15.6	6.5	15.1	6.7

（五）矿物质

矿物质是无机微量营养素，不能由生物产生，且是人体必需的一类营养素，包括钙、铁、钾、镁、锰等元素。这些矿物质在人体内发挥着各种重要作用，如钙可以构成骨骼和牙齿，参与神经和肌肉活动；铁则是血红蛋白的组成部分，负责携氧运输；钾可以调节心跳和维持酸碱平衡等。矿物质还可以帮助细胞正常运作、加速新陈代谢、维护水盐平衡、降低血压、预防疾病等。虽然矿物质在人体内所占比例较小，但它们对人体健康的影响却十分重要。因此，我们应该保证每天摄入适量的矿物质，并应特别注意正确的食物组合，以提高其生物利用率。

藜麦中富含锰、铁、镁、钙、钾、硒、铜、磷、锌等多种矿物质，其矿质元素含量高于一般的谷物，是小麦的 2 倍，水稻、玉米的 5 倍，尤其是钙、钾、磷和镁含量较高，因此，摄食藜麦可以促进牙齿、骨骼的发育。藜麦籽粒中铁元素含量丰富，能够预防和治疗缺铁性贫血症的发生。根据美国国家科学院 2004 年公布的数据显示：100 克藜麦籽粒中所含的铁、铜、镁和锰可以满足婴儿和成人每天对矿质元素的需要，100 克藜麦籽粒中磷和锌的量足以满足儿童每日需求。

申瑞玲等（2015）测定结果表明，藜麦含有人体所需的多种矿物元素，尤其是钾、钙、镁、铁和锌元素（表 8－22）。4 种藜麦中的钾元素含量都很高，钠元素含量低，每 100 克 LMG 中的钾元素含量高达 1 125 毫克，能很好地满足现代人们对高钾低钠食物的需求。

表 8－22 藜麦中的矿物质含量（申瑞玲等，2015）

单位：毫克

品种/系	钾	钠	钙	镁	铁	锰	铜	锌
LMB	907.0	5.54	105.0	40.1	6.60	3.38	0.46	2.44
LMR	803.0	3.59	153.0	53.7	8.11	2.77	0.40	3.22
LMW	796.0	3.62	150.0	53.1	8.67	1.51	0.50	3.01
LMG	1 125.0	3.79	134.0	32.6	15.39	4.18	0.45	2.82

注：表中数据为每 100 克藜麦籽的矿物质含量。

相比其他谷物（如小麦、玉米和水稻），藜麦的矿物质含量更高，尤其是钙、铁、钾和镁（表 8－23）。

表 8－23 藜麦与小麦、玉米及水稻矿物质元素含量比照表

作物	钙（%）	铁（毫克/千克）	镁（%）	磷（%）	钾（%）	钠（毫克/千克）	锌（毫克/千克）	铜（毫克/千克）
藜麦	87	9.47	3.62	406	907	20	2.15	7.84
小麦	35	5.04	103	393	478	2	3.68	0.40
玉米	8	3.02	142	234	320	39	2.47	0.35
水稻	22	1.36	—	119	80	31	0.57	0.11

以上数据来源：FAO 联合国粮农组织、NASA 美国宇航局、USDA 美国农业部资料。

不同藜麦品种矿质元素含量差异较大，矿质元素含量可能与成熟度、品种、土壤类型、农药、光照时间、温度及降雨量有关。

王黎明等（2024）报道，藜麦中钙、铁、镁、锌、铜、钾的含量均高于其他谷物（表 8－24）。

表 8-24 藜麦与常见谷物矿质元素含量的比较

单位：毫克

谷物	钙	磷	镁	铁	锌	铜	钾
藜麦	56.5～148.7	140.0～468.9	76.0～270.0	14.0～16.8	2.8～4.8	3.7～5.1	696.7～1 200.0
小麦	34.0	325.0	4.0	5.1	2.3	0.4	289.0
稻米	13.0	110.0	34.0	2.3	1.7	0.3	103.0
玉米	10.0	244.0	95.0	2.2	1.8	0.3	262.0

注：表中数据为每 100 克谷物的矿质元素含量。

不同产地的藜麦矿质元素含量差异较大，这可能与其生长的土壤环境有关（表 8-25）。

表 8-25 不同地区藜麦矿物质元素含量（胡秋霞等，2022）

单位：毫克

地区	钙	钾	磷	镁	钠	铜	铁	锰	硒	锌
浙江	78.70	709.00	510.00	212.20	—	2.10	5.90	3.80	—	16.00
西藏	42.50	—	220.00	226.30	4.78	—	9.97	—	—	2.40
陕西	74.30	919.00	350.00	198.80	1.29	0.41	14.18	3.57	0	2.62
青海	24.10	367.40	1 483.30	829.20	16.26	0.49	6.33	9.21	1.04	1.49
宁夏	65.50	897.00	367.80	207.50	24.00	0.66	13.07	2.54	5.00	—
云南	46.90	913.00	508.00	216.00	0.68	0.47	5.04	3.83	—	2.76
内蒙古	28.00	759.70	257.90	204.60	5.89	0.45	4.96	1.48	—	1.99
平均值	51.40	760.90	528.10	299.20	8.82	0.76	8.49	4.07	2.02	4.54

注：表中数据为每 100 克藜麦籽的矿物质元素含量。

著者 2015 年采集北京部分示范点的藜麦样品进行矿物质含量分析。结果表明，藜麦籽中钾含量最高，平均为每 100 克藜麦籽含 646.98 毫克，其次为磷、镁、钙。以延庆区延庆农场收获的藜麦大量元素含量相对较高，以房山大安山收获的藜麦微量元素含量较高（表 8-26）。

表 8-26 不同示范点藜麦的矿物质含量比较

单位：毫克

地点	延庆永宁	延庆农场	延庆四海	房山大安山	平均
钾	500.10	864.69	645.49	577.63	646.98
磷	192.73	221.61	205.95	237.26	214.39
镁	139.60	137.18	118.24	145.25	135.07
钙	98.59	93.38	50.13	163.49	101.40
锌	4.85	1.83	1.49	2.50	2.67
铁	3.02	2.26	6.88	3.29	3.86
锰	1.90	1.39	1.28	2.68	1.81
铜	0.38	0.31	0.23	0.36	0.32

注：表中数据为每 100 克藜麦籽的矿物质含量。

著者 2017 年采集 334、478、587 和 635 米 4 个海拔梯度收获的陇藜 1 号、陇藜 3 号、红藜 1 号籽粒，委托谱尼测试集团股份有限公司参照 GB5009.87—2016、GB5009.92—2016 等方法，分别检测大量元素（磷、钙、镁、钾）及微量元素（铁、锌、铜、锰）的含量。由表 8-27 可知，大量元素中，含量最高的为钾，其次为镁、磷、钙；微量元素中含量最高的为铁，其次为锰、锌、铜。

表 8-27 不同品种在不同海拔高度的矿物质含量

单位：毫克

项目	334 米			478 米		587 米			635 米		平均
	陇藜 3 号	陇藜 1 号	红藜 1 号	陇藜 1 号	红藜 1 号	陇藜 3 号	陇藜 1 号	红藜 1 号	陇藜 3 号	陇藜 1 号	
钾	1 820.00	1 510.00	1 630.00	1 640.00	907.00	874.00	1 030.00	711.00	1 210.00	1 070.00	1 240.20
镁	457.00	294.00	330.00	380.00	353.00	284.00	284.00	264.00	278.00	288.00	321.20
磷	240.00	174.00	224.00	202.00	230.00	194.00	187.00	154.00	168.00	155.00	192.80
钙	115.00	131.00	131.00	223.00	114.00	128.00	94.40	117.00	123.00	111.00	128.70
铁	9.12	7.82	9.34	21.90	8.10	22.20	9.79	9.09	9.14	7.82	11.43

（续）

项目	334米			478米		587米			635米		平均
	陇藜3号	陇藜1号	红藜1号	陇藜1号	红藜1号	陇藜3号	陇藜1号	红藜1号	陇藜3号	陇藜1号	
锰	2.27	4.81	6.33	3.02	5.40	2.77	3.23	4.20	2.80	2.76	3.76
锌	2.98	2.70	3.61	3.39	4.44	3.31	3.16	4.22	2.95	2.85	3.36
铜	0.57	0.49	0.50	0.69	0.65	0.53	0.59	0.63	0.51	0.51	0.57

（六）维生素

维生素是人体必需的营养物质，对机体的新陈代谢、生长、发育、健康有极重要作用。如维生素 B 族能很好地促进脂肪分解，增加糖类的新陈代谢，具有燃烧脂肪的作用，避免脂肪的堆积，特别适合麸质过敏和减肥人群食用。如果长期缺乏某种维生素，就会引起某种疾病。

藜麦含有丰富的维生素 B_1、维生素 B_2、维生素 C、维生素 E 和叶酸，是良好的维生素原料。每 100 克藜麦籽粒中维生素 B_1 的量可以满足儿童每日所需量的 80%，每 100 克藜麦籽中维生素 B_2 的量可以满足儿童每日所需量的 80%及成人所需量的 40%。魏爱春等（2015）综述了前人的研究结果，从表 8－28 可见，每 100 克藜麦籽粒中维生素 E 含量为 5.37 毫克，远高于水稻、小麦和大麦中维生素 E 含量。此外，维生素 A、维生素 B_2、维生素 C 也远高于水稻、小麦和大麦。

表 8－28　藜麦与其他常见谷物维生素含量的比较（魏爱春等，2015）

单位：毫克

维生素种类	藜麦	水稻	小麦	大麦	荞麦
维生素 A	0.39	NR	0.02	0.01	0.21
维生素 B_1	0.38	0.47	0.55	0.49	0.46
维生素 B_2	0.39	0.10	0.16	0.20	0.14

（续）

维生素种类	藜麦	水稻	小麦	大麦	荞麦
维生素 B_3	1.06	5.98	5.88	5.44	1.80
维生素 C	4.00	0	0	0	5.00
维生素 E	5.37	0.18	1.15	0.35	5.46

注：表中数据为每 100 克藜麦籽的维生素含量。

陆红法等（2017）也比较了藜麦与水稻、小麦等谷物的维生素含量差异，从表 8－29 可以看出，相比于其他谷物，藜麦中维生素 B_2、维生素 B_3 和维生素 E 含量较高，小麦的维生素 B_1 含量与藜麦相近。

表 8－29　其他常见谷物维生素含量（陆红法等，2017）

单位：毫克

谷物	维生素 B_1	维生素 B_2	维生素 B_3	维生素 B_6	维生素 E
藜麦	0.45	0.44	4.81	0.29	7.48
水稻	0.11	0.05	1.9	—	0.46
小麦	0.48	0.14	4.7	0.5	1.91
荞麦	0.28	0.16	2.2	—	4.40
大麦	0.14	0.05	5.0	—	0.25

注：表中数据为每 100 克藜麦籽的维生素含量。

申瑞玲等（2016）综述了藜麦维生素的组成，从表 8－30 可知，藜麦叶酸含量最高，其次为维生素 C，再次为维生素 E。

表 8－30　藜麦的主要维生素含量（申瑞玲等，2016）

单位：毫克

维生素 C	维生素 B_1	维生素 B_2	维生素 B_3	维生素 B_6	类胡萝卜素	维生素 E	叶酸
16.40	0.41	0.39	1.10	0.48	0.41	5.30	78.10

注：表中数据为每 100 克藜麦籽的维生素含量。

（七）其他功能物质

藜麦籽粒中蛋白质、淀粉、脂肪、维生素、矿物质含量都高于一般的谷物，与人类生命活动的基本物质需求完美匹配。此外，藜麦含有丰富的多酚类、黄酮类、皂苷等活性成分，具有抗氧化、降血脂、增加免疫等生理功效，从而能够降低一些慢性疾病的发生风险，对于维持人类的身体健康具有十分重要的作用。

1. 多酚类

多酚类物质是植物在生长发育中的次生代谢产物，广泛存在于植物的根、茎、叶及果实内。多酚具有很强的抗氧化作用，可以帮助减轻身体内自由基对细胞的损害，并保持身体健康；多酚可以降低心血管疾病的风险，因为它们能够降低血液中的胆固醇和三酸甘油酯水平；此外，多酚还有助于保护身体免受炎症的影响，从而减少关节炎和其他慢性疾病的风险；此外，多酚还具有抗癌作用（魏志敏等，2020）。总之，多酚是一种非常有益于人体健康的物质，可以通过多种方式为我们的身体提供保护（陈树俊等，2016）。多酚主要分为3种：黄酮、酚酸和儿茶素。藜麦种子提取物中富含多酚类物质，具有降低心血管疾病、抗癌、降血糖、抗骨质疏松和抗阿尔茨海默病等作用。Pasko等（2009）测定的藜麦总多酚含量为（3.75±0.05）毫克/克。Alvarez等（2010）测定结果表明，藜麦总多酚中槲皮素和山柰酚的含量最高。

Tang等（2015）确定了3种不同基因型（红色、白色、黑色）藜麦中不同形式的酚类物质，并且测定了其抗氧化活性，结果表明，23种酚类成分被检出，包括自由酚和结合酚，其中，主要是香草酸、阿魏酸及其衍生物、槲皮素及其糖苷、山柰酚及其糖苷等；总酚含量与种子的颜色有关，相比另外两种，黑色藜麦种子中总酚含量更高且抗氧化活性更高（表8－31）。Alvarez等（2010）的研究表明，藜麦芽中多酚含量相比籽粒明显增加，是籽粒中的近2倍，通过发芽处理，可以使藜麦中多酚含量增加，提高其抗氧化能力。

表 8-31 3种不同颜色藜麦籽粒中自由酚类化合物的含量（Tang 等，2015）

单位：毫克

编号	自由酚类化合物	白色藜麦籽粒	红色藜麦籽粒	黑色藜麦籽粒
1	3，4-二羟基苯甲酸	未检出	29.82	47.38
2	对香豆酸 4-葡萄糖苷	未检出	19.34	31.31
3	对羟基苯甲酸	15.84	17.24	16.97
4	香豆酸 4-葡萄糖苷	23.09	24.62	27.39
5	2，5-二羟基苯甲酸	0.59	0.73	0.28
6	咖啡酸	4.39	4.94	19.61
7	香草酸	63.45	70.02	39.03
8	表没食子儿茶素	1.55	2.71	3.21
9	表儿茶素	4.62	3.89	4.23
10	香草醛	4.19	6.65	8.39
11	金合欢素/单甲醚/芹黄素-7-甲醚	10.08	13.33	16.56
12	对香豆酸	13.01	22.73	29.52
13	阿魏酸	37.52	58.41	47.21
14	阿魏酸 4-葡萄糖苷	131.97	151.65	161.39
15	异阿魏酸	8.21	19.44	12.35
16	山柰酚 3，7-二鼠李糖苷	20.61	27.00	29.41
17	山柰酚 3-半乳糖苷	24.01	28.78	23.32
18	槲皮素 3-芸香糖苷	57.10	71.04	57.63
19	山柰酚 3-葡萄糖苷	13.29	16.42	24.08
20	槲皮素-3-阿拉伯糖苷	24.97	26.46	65.79
21	槲皮素	5.27	11.82	12.99
22	山柰酚	2.56	1.18	1.58
23	鹰嘴豆芽素	0.67	6.44	2.42
	总酚类指数	466.99	634.66	682.05

注：表中数据为每 100 克藜麦籽的自由酚类化合物含量。

王启明（2020）检测了不同产地藜麦的总多酚含量（表8-32），地区间存在差异，总多酚含量为1.07～2.57毫克/克，平均为1.76毫克/克。

表8-32 不同产地藜麦活性成分含量分析（王启明，2020）

产地	四川	青海	山西	云南	内蒙古	西藏	河北	甘肃	秘鲁	玻利维亚
总多酚（毫克/克）	2.57	2.21	1.90	1.78	1.99	2.17	1.07	1.85	1.04	1.06

2. 黄酮类

酮类化合物包括黄酮类和黄酮醇类、二氢黄酮类和二氢黄酮醇类、异黄酮类和二氢异黄酮类、查耳酮和二氢查耳酮类、橙酮类、花色素类和黄烷醇类、双黄酮类氢查耳酮类、橙酮类、花色素类和黄烷醇类。对于藜麦而言，其籽粒能够提供充足的黄酮类化合物，同时，黄酮类化合物作为具有多种生物活性的天然植物雌激素，能够抗诱变、阻碍组胺的释放，以及抑制蛋白激酶C、超氧化物歧化酶和脂肪氧合酶活性等。藜麦中含有天然植物雌激素，植物雌激素主要是异黄酮（类黄酮物质之一）活性成分，在临床上经常用来降压、降糖、降脂，以及预防心脑血管、动脉粥样硬化等疾病，尤其对乳腺癌、前列腺癌、绝经期综合征、心血管病和骨质疏松有显著作用。与普通谷物相比，藜麦中富含黄酮类物质，而且含量较高，每100克藜麦籽黄酮类物质含量为36.2～144.3毫克，平均可达58毫克，其中，最重要的组分是黄酮醇，每100克藜麦籽含量为174毫克，槲皮素平均为36毫克，山柰酚平均为20毫克。藜麦的芦丁、槲皮素、异槲皮素和山柰酚的含量比荞麦高，而其他谷物类如小米、大米、玉米都不含黄酮类（管骁等，2021）。

王启明（2020）检测了不同产地藜麦的总黄酮含量（表8-33），地区间存在差异，总黄酮含量为1.01～1.64毫克/克，平均为1.35毫克/克。

申瑞玲等（2015）检测结果表明，4种不同颜色的藜麦，每

100克藜麦籽总黄酮含量为321～421毫克，且藜麦颜色越深，黄酮含量越高，与Tang等（2015）的结论一致。

表8-33 不同产地藜麦总黄酮含量分析（王启明，2020）

产地	四川	青海	山西	云南	内蒙古	西藏	河北	甘肃	秘鲁	玻利维亚
总黄酮（毫克/克）	1.61	1.46	1.37	1.36	1.64	1.63	1.01	1.62	0.75	1.02

3. 皂苷

皂苷是从许多植物中提取的一种类天然化合物。皂苷因其具有抗菌、抗炎、解毒等功效，被广泛应用于医学领域。但需要注意的是皂苷可以结合一些营养物质，影响其在人体内的吸收效果，因此需要注意适量摄入。具体到藜麦上，藜麦皂苷具有抗氧化、抗炎、抗菌、增强免疫应答等功能活性，但皂苷产生的苦味会影响藜麦食用时的口感，还会影响某些营养物质的摄入，从而影响藜麦在食品和饲料中的应用（申瑞玲，2015）。因此，除去皂苷就成了藜麦籽在食用前必须进行的加工工序。研究表明，藜麦皂苷的形成与品种、环境、水分、生长期等多种因素有关。总体来说，藜麦皂苷含量在分枝期最低，开花期最高，水分缺失的藜麦皂苷含量高。而在藜麦萌发期间，由于萌发初期皂苷含量下降较快，所以适度萌发的藜麦有甜、软、糯等风味。皂苷主要存在于种皮中。根据皂苷的含量可将藜麦分为甜藜（含量小于鲜重的0.11%）和苦藜（含量大于鲜重的0.11%），不同甜藜品种籽粒皂苷的含量为0.2～0.4毫克/克（干重），苦藜为4.7～11.3毫克/克（干重），比大豆和燕麦含量高。藜麦皂苷含量还与品种、环境、土壤中水分等多因素有关。Gandarillas（1979）提出皂苷含量是由两个等位基因控制的，且苦味等位基因（高皂苷含量）为显性，甜味等位基因（低皂苷含量）为隐性。

王启明（2020）检测了不同产地藜麦的总皂苷含量（表8-34），地区间存在差异，总皂苷含量为8.83～19.36毫克/克，平均为14.91毫克/克。

相关研究表明，从藜麦中分离的皂苷具有抗菌、抗病毒、降低胆固醇并能诱导改变肠道通透性，促进特定药物吸收的作用。

表 8－34　不同产地藜麦总皂苷含量分析（王启明，2020）

产地	四川	青海	山西	云南	内蒙古	西藏	河北	甘肃	秘鲁	玻利维亚
总皂苷（毫克/克）	19.36	17.71	17.49	16.07	16.83	13.46	9.87	14.51	8.83	14.95

尽管藜麦外壳中皂苷成分很高，但这种副产物的商业价值并没有得到相应的重视。人们在食用藜麦之前一般都会用清水浸泡除去外壳以减少苦味，并没有对其外壳进一步加工利用。藜麦中的皂苷具有广泛的药理作用和生物活性作用，如免疫作用、表面活性作用、抑菌、抗肿瘤作用、防治心血管疾病等，而且还可以作为食品天然甜味剂、保护剂、发泡剂、增味剂、抗氧化剂等的原料。皂苷及其衍生物对人体无毒，可以制成安全的农用杀虫或驱虫剂，还可用于制农用饲料、润湿剂和根生长剂等。如何提高藜麦皂苷的利用率将会是未来的研究重点。

4. 多糖

藜麦多糖主要包含淀粉类多糖和非淀粉类多糖。非淀粉类多糖主要包括纤维素、半纤维素多糖和果胶聚糖。藜麦是一种低果糖葡萄糖指数（FGI）食物，能够调节糖脂代谢，更适合于糖尿病患者和减肥人群食用。临床试验证明，每日食用 50 克藜麦即可降低肥胖人群中血清甘油三酯水平（Navarro－Perez D 等，2017）。Paśko 等（2010）通过动物实验发现，Wistar 大鼠连续服用 5 个星期含有 310 克/千克藜麦淀粉的高糖饲料后，能够显著降低血清总胆固醇、低密度脂蛋白、甘油三酯、血糖水平和血浆总蛋白水平，可以减少高糖饮食对血脂和血糖水平所产生的诸多不良影响。藜麦中的阿拉伯聚糖、果胶多糖还具有保护胃黏膜，抗溃疡作用（Lamothe L M 等，2015）另外，藜麦淀粉的活性生物膜对 99％的大肠杆菌和 98％的金黄色葡萄球菌具有较强的抗菌活性，用于食品包装中可延长保质期（Pagno C H 等，2015），这为藜麦产品的开发提供了一种新的思路。

王启明（2020）检测了不同产地藜麦的总多糖（表 8－35），不同地区含量存在差异，总多糖含量为 17.36～28.38 毫克/克，平均为 24.10 毫克/克。

表 8－35 不同产地藜麦总多糖含量分析（王启明，2020）

产地	四川	青海	山西	云南	内蒙古	西藏	河北	甘肃	秘鲁	玻利维亚
总多糖（毫克/克）	28.38	27.25	26.06	26.61	26.91	27.45	17.36	24.52	17.96	18.53

二、藜麦叶的营养

藜麦幼嫩茎叶也可食用，且皂苷含量明显降低，蛋白质含量显著高于常见蔬菜，对于补充人体蛋白质、改善人体肠道菌群、促进消化、维持神经和肌肉的正常功能、保护心血管等具有重要作用。

西藏农牧学院的贡布扎西等（1995）曾报道，南美藜的叶可像菠菜一样食用，其蛋白质含量占鲜重 2.79%～4.17%，类脂物的含量占 1.9%～2.3%，说明该作物叶的营养价值比其他作物高得多。

著者 2022 年采集同茬播种的菜用藜麦、菠菜、油菜、芹菜、大白菜样品各 200 克，送至谱尼测试集团股份有限公司进行茎叶能量、蛋白质、脂肪、碳水化合物、膳食纤维、胆固醇、维生素 B_1、维生素 B_2、钙、磷、钾、钠等 20 项指标的检测，检测参考方法及结果可见（表 8－36），100 克菜用藜麦含能量 68 千焦、蛋白质、脂肪、碳水化合物的含量分别为 2.2、0 和0.9 克。与菠菜、油菜、芹菜、大白菜等常规蔬菜比较，菜用藜麦高蛋白、高能量，零脂肪、碳水化合物占比低。摄入量相同的情况下，菜用藜麦更有饱腹感，减肥效果更佳。此外，菜用藜麦富含膳食纤维、维生素 B_2、钾、镁，低钠，零胆固醇。

著者 2020 年委托普尼测试集团股份有限公司参照 GB

5009.5—2016、GB 5009.91—2017 等方法测定藜麦叶片和籽粒的营养品质含量。结果表明（表 8 - 37），随着藜麦营养生长转向生殖生长，开花结籽，藜麦的蛋白质、脂肪、矿物质、皂苷含量均呈逐渐积累和上升的趋势，即藜麦籽粒的各项营养物质含量要高于叶片。不过，由于藜麦叶片皂苷含量明显降低，较藜麦籽粒省去了因皂苷含量高、口感发涩而烦琐的脱皂苷过程。

表 8 - 36　菜用藜麦及常规蔬菜的营养物质含量

项目	菜用藜麦	菠菜	油菜	芹菜	大白菜	参考方法
能量（千焦）	68	24	23	20	17	GB/Z21922—2008
蛋白质（克）	2.2	2.6	1.8	1.2	1.5	GB5009.5—2016
脂肪（克）	0	0.3	0.5	0.2	0.1	GB5009.6—2016
碳水化合物（克）	0.9	4.5	2.7	3.3	2.4	GB/Z21922—2008
膳食纤维（克）	1.9	1.7	1.1	1.2	0.8	GB5009.88—2014
钠（毫克）	13	85.2	55.8	59	57.5	GB5009.268—2016
胆固醇（毫克）	0	0	0	0	0	GB5009.128—2016
维生素 B_1（毫克）	0	0.04	0.04	0.02	0.04	GB5009.84—2016
维生素 B_2（毫克）	0.13	0.11	0.11	0.08	0.05	GB5009.85—2016
维生素 C（毫克）	10.8	32	36	8	31	GB5009.86—2016
烟酸（毫克）	0	0.6	0.7	0.4	0.6	GB5009.89—2016
磷（毫克）	56	47	39	38	31	GB5009.87—2016
钾（毫克）	794	311	210	206	0	GB5009.91—2017
镁（毫克）	60	58	22	18	11	GB5009.241—2017
钙（毫克）	86	66	108	80	50	GB5009.92—2016
铁（毫克）	1.6	2.9	1.2	1.2	0.7	GB5009.90—2016
锌（毫克）	0.39	0.85	0.33	0.24	0.38	GB5009.14—2017
硒（微克）	3.0	0.97	0.79	0.57	0.49	GB5009.93—2017
铜（毫克）	0	0.1	0.06	0.09	0.05	GB5009.13—2017
锰（毫克）	0.17	0.66	0.23	0.16	0.15	GB5009.242—2017

表 8-37 藜麦叶片及籽粒的品质差异

处理	钙（克）	铁（毫克）	镁（毫克）	磷（毫克）	钾（毫克）	锌（毫克）	铜（毫克）	锰（毫克）	蛋白质（克）	脂肪（克）	皂苷（克）
每100克叶片营养物质含量	66.80	1.82	46.80	54.10	719.00	0.32	0.07	0.18	1.89	0.45	0.48
每100克籽粒营养物质含量	223.00	21.90	380.00	202.00	1 640.00	3.39	0.69	3.02	16.60	5.00	0.77

Koziol（1992）通过归纳11篇文献对藜麦籽粒的矿物质含量的报道（表8-38），表明不同研究者测定的藜麦籽粒中矿物质含量有一定差异，如每100克藜麦籽粒中钙的含量从20毫克变化至390毫克，钾的含量从500毫克变化至1 980毫克，这可能与品种、土壤类型、光照强度和成熟度等有关。梅丽等（2022）研究表明，藜麦籽粒的矿物质含量测定值均在Koziol的归纳范围之内，叶片的矿物质含量数值与Koziol的结果有略微差异，但规律相同，均表明藜麦富含钾、钙、镁，且藜麦籽粒较藜麦叶片矿物质含量高。

表 8-38 Koziol比较每100克藜麦叶片及籽粒的矿物质含量差异

单位：毫克

部位	比较项	钙	铁	镁	磷	钾	锌	铜	锰
叶片	平均值	153.00	0.87	83.00	42.00	357.00	0.59	0.07	—
籽粒	平均值	148.70	13.20	249.60	383.70	926.70	4.40	5.10	10.00
籽粒	变幅	20.00～390.00	0.50～32.10	130.00～460.00	129.00～630.00	500.00～1 980.00	1.20～9.90	0.60～8.70	1.90～17.80

（一）蛋白质

藜麦苗的蛋白质含量显著高于常见蔬菜的蛋白质含量（菌类蔬菜为11.4%，叶类蔬菜为1.83%、瓜果类蔬菜为0.91%、根茎类蔬菜为1.4%），是一种与豆类（如鹰嘴豆、小扁豆）蛋白质相当的蛋白质来源。同时，藜麦苗中含有生长和功能所需的全部9种必需氨基酸，且亮氨酸、赖氨酸、苯丙氨酸和缬氨酸含量相对丰富，从而被称为“黄金谷物”。此外，藜麦苗中的甲硫氨酸含量较高，为每100克藜麦苗含0.27～0.42克，高于常见叶类蔬菜。藜麦苗具有更高蛋白的含量和良好的氨基酸组成，使营养价值优于传统蔬菜（候文睿，2023）。

吴应齐（2021）报道了国内11个品系藜麦苗经27天采收时蛋白质含量为每100克藜麦苗2.05～2.58克（表8-39）。

表8-39 不同品系藜麦苗蛋白质含量比较（吴应齐，2021）

单位：克

品系	Q_1	Q_2	Q_3	Q_4	Q_5	Q_6	Q_7	Q_8	Q_9	Q_{10}	Q_{11}	平均值	标准差	偏差系数（%）
每100克藜麦苗蛋白质含量	2.41	2.10	2.05	2.05	2.27	2.46	2.23	2.47	2.45	2.58	2.32	2.31	0.18	7.59

姚燕辉（2022）检测了81份菜用藜麦种质资源的蛋白质，每100克藜麦苗蛋白质含量为0.55～5.10克，平均值为2.27克。菜用藜麦中蛋白质含量随着采收时间的延长，呈现出先上升后下降的趋势。在第40天时蛋白质的平均含量达到最大值3.23克，较收获初期增长了84.57%，而在第50天时到达最小值1.47克，较收获初期减少了16%。

著者2018年委托谱尼测试集团股份有限公司参照GB 5009.5—2016检测了10个品种/系藜麦苗的蛋白质含量（表8-40），每100克藜麦苗蛋白质含量为1.88～2.48克。

表8-40 不同品种/系藜麦苗蛋白质含量比较

单位：克

品种/系	陇藜1号	陇藜3号	陇藜5号	条藜1号	ZK1	ZK2	ZK5	ZK7	SC1	五台山藜麦
每100克藜麦苗蛋白质含量	1.89	1.88	2.18	2.53	2.26	2.2	2.48	2.23	2.16	1.91

郭萍等（2020）比较了不施肥（F0）、复合肥 1 200 千克/公顷＋有机肥 3 000 千克/公顷（F6）、复合肥 1 800 千克/公顷＋有机肥 4 500 千克/公顷（F9）3 种施肥水平下的藜麦苗总蛋白质和氨基酸含量变化。总蛋白质含量随着施肥量的增加呈上升趋势，F9 最高。肥料施用量对藜麦苗必需氨基酸和非必需氨基酸含量也产生了一定的影响。除谷氨酸外，其他氨基酸含量均随肥料施用量的增加呈先升后降的趋势，F6 最高，F0 最低，但蛋氨酸和谷氨酸含量的最低值出现在 F9 与 F0，施用肥料可增加藜麦苗氨基酸含量，增加幅度较高的氨基酸有：脯氨酸、天冬氨酸、亮氨酸、缬氨酸、甘氨酸、苏氨酸和精氨酸，其中脯氨酸含量变化最大，F6 和 F9 分别增加 123.1％和 89.7％。

侯文睿（2023）利用自动氨基酸分析仪测定不同藜麦苗品种 17 种氨基酸的含量，结果显示，每 100 克藜麦苗的必需氨基酸含量为 7.223～9.287 克。其中，红百藜必需氨基酸含量最高，陇藜 1 号的必需氨基酸含量最低。每 100 克藜麦苗的非必需氨基酸含量为 12.496～16.116 克，红百藜的非必需氨基酸含量显著高于另外 2 个品种。每 100 克藜麦苗的氨基酸总含量为 19.41～25.39 克，红百藜的氨基酸总含量显著高于其他品种。藜麦苗所有氨基酸中谷氨酸含量最高，每 100 克藜麦苗谷氨酸含量为 3.233～3.904 克，其中，红百藜含量最高，陇藜 1 号含量最低。藜麦苗必需氨基酸中亮氨酸的含量最高，每 100 克藜麦苗亮氨酸含量为 1.635～2.192 克，其中，红百藜的亮氨酸含量最高，陇藜 1 号的亮氨酸含量最低。此外门冬氨酸、甘氨酸、丝氨酸、精氨酸、苏氨酸、丙氨酸、脯氨酸、缬氨酸、赖氨酸以及苯丙氨酸在藜麦幼苗中含量相对较高，每 100 克藜麦苗含量均在 1 克以上。藜麦苗所有氨基酸中胱氨酸含量最低，每 100 克藜麦苗含量为 0.034～0.111 克，其中，红百藜的胱氨酸含量最高，陇藜 1 号的胱氨酸含量最低。

（二）脂肪

每 100 克藜麦叶片的脂肪含量为 1.9～3.3 克，低于每 100 克藜麦籽粒的脂肪含量 4.0～7.6 克（张琴萍，2020）。对比藜麦籽粒和藜麦叶片的脂肪酸构成可知：藜麦中多为不饱和脂肪酸包括亚油酸（Omega-6）和亚麻酸（Omega-3）等，这些多不饱和脂肪酸在人体内不能自行合成，需要从食物中获取，对人体健康具有重要作用。在藜麦幼苗中，α-亚麻酸含量最高，约占总脂肪酸的 47%，亚油酸占总脂肪酸的 16%。相比之下，藜麦籽粒的特点是亚油酸含量较高，为 46.69%～58.10%，α-亚麻酸含量较低，为总脂肪酸的 6.10%～8.44%（侯文睿，2023）。

吴应齐（2021）报道了国内 11 个品系藜麦苗经 27 天采收时的脂肪含量，为每 100 克藜麦苗 0.3～0.4 克。

高贤良（2020）报道了国内 10 个品种藜麦苗经 30 天采收时的脂肪含量，为每 100 克藜麦苗 0.026～0.189 克。

侯文睿（2023）利用索氏提取法测定藜麦苗的脂肪含量，为每 100 克藜麦苗 1.53～1.84 克。

著者 2018 年委托谱尼测试集团股份有限公司参照 GB 5009.6—2016 检测了 10 个品种/系藜麦苗的脂肪含量（表 8-41），为每 100 克藜麦苗 0.34～0.57 克。

表 8-41　不同品种/系藜麦苗菜蛋白质含量比较

单位：克

品种/系	陇藜1号	陇藜3号	陇藜5号	条藜1号	ZK1	ZK2	ZK5	ZK7	SC1	五台山藜麦
每 100 克藜麦苗脂肪含量	0.45	0.34	0.57	0.53	0.38	0.4	0.45	0.49	0.48	0.55

（三）膳食纤维

纤维素是一类碳水化合物，主要存在于植物细胞壁中。纤维素有助于预防便秘和其他消化问题，还可以降低血液中的胆固醇水平，维持正常的血糖水平，促进心血管健康，减少肥胖风险等。藜麦苗的纤维素含量适中，接近菠菜，整体营养价值高，含有 78% 的不溶性纤维和 22%的可溶性纤维。根据品种和采收时期的差异，每100克藜麦苗纤维素的含量为3.37～11.43克（张琴萍，2020）。

候文睿（2023）利用介质过滤法测定了3个品种藜麦苗纤维素含量，为每100克藜麦苗8.34～9.66克。

郭萍等（2020）比较了3种施肥水平下的藜麦苗不可溶性膳食纤维和可溶性膳食纤维含量变化，每100克藜麦苗不可溶性和可溶性膳食纤维素含量分别为3.09～3.53克和0.445～0.623克。

（四）矿物质

据报道，藜麦鲜叶中钾、铁、锌等多种矿质元素含量要高于其他普通叶菜类蔬菜和藜麦籽粒，藜麦鲜叶中钾元素含量最多，每100克藜麦鲜叶中钾含量为6 778毫克，钙含量为1 112毫克，镁含量达817毫克，钠含量达289毫克，铁含量达86.64毫克，铜含量达12.14毫克，锌含量达19.48毫克，食用菜用藜麦可以预防铁和锌引起的营养缺乏（Repo - Carrasco et al.，2003）。

据吴应齐（2021）报道100克藜麦苗钙、锌含量分别为55.6～135.7毫克和0.63～1.72克。

郭萍等（2020）比较了3种施肥水平下的藜麦苗中的锌、钙和铁含量变化，每100克藜麦苗锌、钙、铁含量分别为0.45～0.62、85.9～127.1毫克和6.29～9.39毫克。锌含量随施肥量的增加而降低，钙、铁随施肥量增加呈先升后降趋势，F6最高（表8-42）。

表8-42 不同施肥水平下藜麦苗的锌、钙和铁含量变化（郭萍等，2020）

单位：毫克

处理	F0	F6	F9
锌	0.62	0.53	0.45
钙	94.8	127.1	85.9
铁	6.29	9.39	6.35

注：表中数据为每100克藜麦苗的矿物质含量。

候文睿（2023）采用电感耦合等离子体质谱法检测并比较了3个品种藜麦苗矿物质含量。藜麦苗中钾元素含量最高，可达41 725.59～60 929.96毫克/千克，钙元素含量为28 948.74～37 330.49毫克/千克，镁元素含量为11 981.38～21 237.26毫克/千克，磷元素含量为6 708.46～11 380.42毫克/千克。钠、铁、锌和锰元素含量较少，四种元素含量依次降低。铜元素含量最少，仅为16.25～25.15毫克/千克。陇藜1号的矿物质含量最为丰富，在钾、钙、镁、钠、锌和铜元素含量上具有显著优势；而红百藜的铁、锰和磷元素含量最多（表8-43）。

表8-43 不同品种藜麦苗的矿物质含量（候文睿，2023）

单位：毫克/千克

矿物质	航藜335	红百藜	陇藜1号
钾	48 547.50	41 725.59	60 929.96
钙	34 465.53	28 948.74	37 330.49
镁	17 721.50	11 981.38	21 237.26
磷	6 708.46	11 380.42	11 292.98
钠	1 011.30	1 194.96	2 381.52
铁	431.34	1 013.69	756.12
锌	139.76	151.44	176.21
锰	101.27	142.63	127.47
铜	18.19	16.25	25.15
灰分（%）	24.62	23.7	22.35

著者2017年委托谱尼测试集团股份有限公司参照GB5009.92—2016、GB5009.87—2016等方法检测了10个品种/系藜麦苗的大量元素（钾、钙、磷、镁、钠）及微量元素（铁、锌、锰、铜、硒）的含量。其中，大量元素中钾含量最高，其次为钙，再次为镁、钠。微量元素中铁含量最高，其次为锌，再次为锰，然后是铜和

硒，铜只在陇藜3号中检出，硒在陇藜3号和ZK5以外的其他8个品种中检出（表8-44）。

表8-44 不同品种/系藜麦苗矿物质含量

矿物质	陇藜1号	陇藜3号	陇藜5号	条藜1号	ZK1	ZK2	ZK5	ZK7	SC1	五台山藜麦
钾（毫克）	719	671	740	780	731	762	751	786	771	754
钙（毫克）	66.8	70.4	77.6	81.9	76	65.8	69.3	60.6	51.6	64.1
磷（毫克）	54.1	44	43.4	41.2	49	40.3	46.1	49.2	42.5	41.6
镁（毫克）	46.8	54.7	54.3	59.5	73.5	68.5	51.3	53.3	48.5	51.7
钠（毫克）	12.4	14.2	15.1	13.6	5.06	8.38	11.1	4.37	4.45	9.22
铁（毫克）	1.82	1.19	2.15	1.64	2.01	1.65	1.52	2.39	0.955	1.26
锌（毫克）	0.324	0.371	0.35	0.415	0.373	0.335	0.33	0.308	0.333	0.341
锰（毫克）	0.179	0.181	0.164	0.169	0.169	0.137	0.142	0.167	0.14	0.158
铜（毫克）	未检出	0.07	未检出	未检出	未检出	未检出	未检出	未检出	未检出	未检出
硒（微克）	1.9	未检出	0.87	0.63	1.3	80	未检出	2	5.2	1.1

注：表中数据为每100克藜麦苗的矿物质含量。

（五）维生素

研究显示，普通蔬菜如菠菜的维生素C含量为每100克菠菜30～130毫克；小白菜的维生素C含量为每100克小白菜100毫克（Pathan，2022；于立梅，2017）。而每100克菜用藜麦中维生素E含量为2.9毫克、维生素A含量为2 085毫克，胡萝卜素含量29～67毫克，维生素C含量为70～230毫克（Bhargavaet al.，2006）。因此，菜用藜麦是维生素的良好来源。

高贤良（2020）报道了国内10个品种藜麦苗的维生素C含量，为276～656毫克/千克。

姚燕辉（2022）检测了81份菜用藜麦种质资源的维生素C含量，每100克藜麦苗5.24～44.32毫克，平均值为16.35毫克。维生素C含量随着采收时期的延长，呈现出先上升后下降的趋势，从第35天开始，维生素C含量迅猛增长，直到第40天后，逐渐降低。在第40天时维生素C的平均含量达到最大值，为每100克藜麦苗33.69毫克，较收获初期增长了264.22%。

B族维生素是水溶性维生素中重要组成部分，在人类生长发育中扮演着重要角色，且B族维生素不能由人体直接合成，需从食物中获取。维生素C是优秀的抗氧化剂，具有增强人体免疫力，降低癌症发生概率等功效。候文睿（2023）采用高效液相色谱法、微生物法和液相色谱法检测藜麦幼苗中维生素B_1、维生素B_6、叶酸和维生素B_{12}的含量，采用2，6-二氯靛酚滴定法检测藜麦幼苗中维生素C的含量。结果表明，藜麦苗B族维生素中叶酸含量最高，为4.05～6.77微克/克；维生素B_6含量较高，为506.12～1 112.58纳克/克；维生素B_1的含量为111.77～144.92纳克/克；维生素B_{12}的含量为163.70～217.56纳克/克；每100克藜麦苗维生素C含量为11.21～13.82毫克。

生育酚是脂溶性维生素的重要组成部分，不仅具有良好的抗氧化性，还具有抗炎特性，对人体的神经系统、心血管系统、皮肤和骨骼健康等各方面都有益处。对于维持人体健康具有重要作用。候文睿（2023）采用反相高效液相色谱法检测藜麦苗中生育酚构成及含量，结果表明，每100克藜麦苗的生育酚含量为0.53～1.39微克之间，其中，α-生育酚含量为0.42～1.24微克，占总生育酚的76.37%～89.21%；γ-生育酚含量为0.08～0.15微克。

著者2017年委托谱尼测试集团股份有限公司参照GB5009.84—2016、GB5009.85—2016、GB5009.86—2016检测了10个品种/系每100克藜麦苗的维生素含量（表8-45）。其中，维生素B_1含量小于0.12毫克未检出，维生素B_2和维生素C的含量分别为0.102～0.182毫克和8.38～17.6毫克。

表 8-45 不同品种/系藜麦苗维生素含量比较

单位：毫克

维生素	陇藜1号	陇藜3号	陇藜5号	条藜1号	ZK1	ZK2	ZK5	ZK7	SC1	五台山藜麦
维生素 B_1	—	—	—	—	—	—	—	—	—	—
维生素 B_2	0.154	0.143	0.102	0.106	0.182	0.176	0.096	0.142	0.135	0.096
维生素 C	9.88	8.38	7.89	8.57	17.6	13.2	8.76	8.75	15.4	8.51

注：“—”表示未检出，表中数据为每100克藜麦苗的维生素含量。

（六）其他功能物质

1. 皂苷

Mastebroek等（2000）研究表明藜麦叶片主要是常春藤型皂苷。在藜麦生长82天之后才会在叶片中检出痕量皂苷，说明藜麦茎叶中皂苷等抗营养物质极少。这表明藜麦叶片的口感更佳，且加工相对简单，适合作为菜用藜麦推广。

吴应齐（2021）报道了国内11个品系藜麦苗经27天采收时，皂苷含量为0.74～1.48毫克/千克。

候文睿等（2023）检测并比较了3个品种藜麦苗皂苷含量，为5.14～5.95毫克/克。

2. 总糖

高贤良（2020）报道了国内10个品种藜麦苗经30天左右采收时的总糖含量，为1.27～2.46毫克/千克。

3. 总黄酮

百合科葱属植物、十字花科植物以及绿叶蔬菜通常富含类黄酮物质，如大葱中类黄酮含量为2 720毫克/千克，韭菜中类黄酮含量为2 140毫克/千克，小白菜中类黄酮含量为1 130毫克/千克，莴笋叶片的类黄酮含量为147毫克/千克（陈贵林等，2007）。张琴萍等（2020）研究发现，藜麦苗中的黄酮含量显著高于藜麦籽粒，其含量为18.48～30.38毫克/克。藜麦苗中主要的黄酮类化合物包括槲皮素、山柰黄素、芦丁等，具有抗炎、抑菌和抗氧化等多种作用（Hirose，2010）。藜麦苗的总黄酮提取物对大肠杆菌、枯草芽孢杆菌、白念珠菌、铜绿假单胞菌具有很好的抑菌效果（董飞，2018）。因此，藜麦可以被视为一种天然的黄酮化合物良好来源。

郭萍等（2020）比较了3种施肥水平下的藜麦苗总黄酮含量变化。随着施肥量的增加，总黄酮含量呈先降后升趋势，其中F6最高，为650毫克/千克。

候文睿（2023）检测并比较了3个品种藜麦苗总黄酮含量，为5.59～14.48毫克/克。

4. 总多酚

Pathan等（2022）的研究结果表明，每100克藜麦叶片中没食子酸当量为131.80～544.00毫克，每100克芽中没食子酸当量为49.02毫克左右。萌发是增加酚类、花青素和类黄酮类等生物活性化合物数量的一种策略，Obaroakpoet等（2020）研究表明藜麦种子萌发过程中也存在总多酚含量增加的现象。Gawlik - Dziki（2013）的研究发现，藜麦植株中总多酚的含量与藜麦对DPPH自由基的清除能力呈显著正相关，藜麦叶片中的多酚类物质具有抗氧化活性并能抑制癌细胞的生长。

姚燕辉（2022）检测了81份菜用藜麦种质资源的总多酚含量，为4.47～20.75克/升，平均值为9.00克/升。菜用藜麦中总多酚含量随着采收时期的延长，呈现出先上升后下降的趋势，从第40天后开始，总多酚含量迅速下降。在第40天时总多酚的平均含量达到最大值9.36克/升，较收获初期增长了75.28%，而在第50天时，到达最小值3.97克/升，较收获初期降低了25.66%。

郭萍等（2020）比较了3种施肥水平下的藜麦苗茶多酚含量变化，其中F9（复合肥1 800千克/公顷＋有机肥4 500千克/公顷）最高，为每100克藜麦苗含1.3克。

（七）抗营养物质

1. 草酸

草酸又名乙二酸，是一种强有机酸，在植物体中广泛存在。草酸有较强的酸性，对钙、铁、锰、锌等金属离子具有较强的螯合力，很容易生成不易吸收的草酸盐。据许晓敏等（2022）报道，长期大量摄入草酸会影响人体对微量元素的吸收，并且对肾脏健康产生不良影响。草酸主要存在于菠菜、厚皮菜、叶用甜菜中，以游离态钠盐、游离态钾盐和草酸钙结晶等形式存在，不同蔬菜中草酸含量差异比较大。每 100 克菠菜中的草酸含量大约为 970 毫克，每 100 克苋菜中的草酸含量大约为 1 090 毫克，而每 100 克欧芹中的草酸含量为 1 700 毫克。大部分野菜的草酸含量也比较高，比如每 100 克马齿苋中草酸含量达 1 310 毫克，其他蔬菜品种草酸含量都比较低，一般每 100 克蔬菜含量在 100 毫克以下。蔬菜中草酸的含量与其种植过程中铵态氮、硝态氮的使用量和使用种类关系密切。

吴应齐（2021）报道了国内 11 个品系藜麦苗经 27 天采收时的草酸含量，每 100 克藜麦苗草酸含量为 1 590.9～2 077.9 毫克，平均为 1 854.6 毫克。

在食用草酸含量丰富的蔬菜时，建议烹调前先用开水煮一下，然后再烹饪，可以去掉大部分的草酸，同时也不建议与牛奶等含钙量较高的食物一同食用。

2. 硝酸盐

蔬菜类作物，特别是叶菜类、根菜类，它们体内存在大量硝酸盐累积时，在烹调、腌制过程中极易转化为亚硝酸盐，从而危害人体的健康，引发各种病症。所以常常将植物体内“硝态氮含量”作为评价蔬菜及其副产品加工中品质好坏的重要指标。蔬菜中硝酸盐限量标准（GB/T19338—2003）规定叶菜类蔬菜中硝酸盐含量要低于 3 000 毫克/千克。

吴应齐（2021）报道了国内 11 个品系藜麦苗经 27 天采收时的硝酸盐含量，为 1 268～2 721 毫克/千克，平均为 1 990.36 毫克/千克。

高贤良（2020）报道了国内 10 个品种藜麦苗经 30 天左右采收时的硝酸盐含量，为 1 355～4 112 毫克/千克，平均为 2 575.5 毫克/千克。

姚燕辉（2022）检测了 81 份菜用藜麦种质资源的硝态氮含量，为 105.70～424.40 毫克/千克，平均值为 245.78 毫克/千克。菜用藜麦中硝态氮含量随着采收时期的延长，呈现出先上升后下降的趋势，从第 40 天后开始下降。在第 40 天时硝态氮的平均含量达到最大值 565.25 毫克/千克，较收获初期增长了 55.10%，而在收获初期第 30 天时的平均含量最小，为 364.44 毫克/千克。

第二节　藜麦的功效及作用

一、抗氧化、清除自由基活性

自由基的产生会引起细胞损伤、加速衰老，造成多种疾病的产生。植物天然提取物对自由基有较好的清除能力，且因其提取便捷、作用高效、毒副作用小而备受青睐。藜麦籽粒中的多酚、黄酮类活性成分均具有抗氧化活性，Rocchetti（2017）通过清除自由基能力测定的研究表明，藜麦的总抗氧化能力，显著高于小麦、燕麦、水稻、高粱等作物。抗氧化活性主要依赖于多酚和黄酮，同时，也与含有的类胡萝卜素、维生素 E、维生素 C 等抗氧化剂显著相关。Escribano（2017）研究发现，藜麦中的甜菜素使藜麦具有更强的抗氧化活性和自由基清除能力。相启森等（2016）对藜麦籽粒提取物的体外抗氧化活性研究发现，提取物对 DPPH 和 ABTS 均有很强清除能力，且能够有效抑制自由基引发的脂质过氧化和牛血清蛋白氧化降解。Letelier（2011）的体外动物实验研究发现，藜麦种皮中的三萜皂苷能够降低大鼠体内二硫化合物聚合体的催化活性，抑制肝脏微粒体脂质过氧化、硫醇损失和谷胱甘肽转移酶活性。

二、降血糖和降血脂活性

前人研究认为，苦参、金山葵、知母、罗汉果、雪莲果、芍药等植物的天然产物提取物均具有 α-葡萄糖苷酶抑制活性，目前关于藜麦籽粒提取物对 α-葡萄糖苷酶抑制活性的研究报道还比较少。Hemalatha（2016）研究发现藜麦中的多酚类物质能够显著抑制小鼠消化系统中的 α-葡萄糖苷酶和 α-淀粉酶活性从而降低血糖浓度，可用于糖尿病预防和治疗。Kizelsztein（2009）动物实验研究证明从藜麦籽粒提取物中分离的 20 -羟基蜕皮激素在剂量为 6、10、25 毫克/千克时能够使胰岛素敏感性增强，从而降低血液中血糖和血脂含量，同时降低脂肪积累，有显著的减肥效果。藜麦中含有丰富的镁、锰、锌、铁、钙、钾、硒、铜、磷等矿物质元素，这些元素作为葡萄糖代谢关键酶的抑制剂或激活剂，调节体内的血糖含量。例如，β-葡萄糖苷酶促进纤维素降解及葡萄糖的利用，Mn^{2+}、Co^{2+} 是 β-葡萄糖苷酶激发剂，摄食藜麦可提高 β-葡萄糖苷酶活性，降低血糖水平。藜麦中丰富的异黄酮和维生素 E 组合有助于血液循环、软化血管，促进糖、脂代谢和胰岛素分泌，降低血糖水平。藜麦总膳食纤维中的非可溶性纤维和可溶性纤维对调节血糖水平、降低胆固醇含量和保护心脏都有非常重要的作用。

三、抑菌消炎和抗肿瘤活性

藜麦黄酮类化合物具有抗炎活性，特别是槲皮素及其苷类，具有抗炎、止渴、祛痰的作用。藜麦中的三萜皂苷类提取物有抑制白念珠菌的活性，而且藜麦外壳经过碱处理后含大量疏水皂苷衍生物，对灰霉病具有较强抗病性。Yao（2014）研究藜麦皂苷对脂多糖诱导的 RAW264.7 鼠巨噬细胞的抗炎活性发现，藜麦皂苷有望作为食品功能因子预防和治疗炎症。研究以大鼠前列腺癌细胞为模型评价藜麦多酚提取物的抗氧化和抗癌活性，结果表明，含有阿魏酸、芥子酸、没食子酸、山柰酚、鼠李素和芦丁的藜麦多酚提取物通过协同作用抑制癌细胞运动和增殖，同时抑制脂氧合酶活性，对氧化应激和 ROS 依赖性细胞内信号传导发挥化学防（抗）癌作用。

四、抗病毒和提高免疫力活性

Estrada（1998）的动物实验研究发现，藜麦皂苷作为小鼠胃和鼻黏膜助剂，可抑制小鼠胃或鼻部位所携带的霍乱毒素，调节黏膜对抗原的渗透性，增强血清、肠道和肺部的特异性球蛋白的免疫应答，对病毒性疾病有一定的抗性功效。Verza（2012）通过腹腔注射藜麦皂苷组分，评估小鼠对卵清蛋白的细胞免疫（Th1）和体液免疫（Th2）应答的辅助效果，结果表明，藜麦皂苷能显著增强小鼠对卵清蛋白的免疫应答，其中，齐墩果酸衍生物参与了Th1的免疫应答。

参考文献

A Hmed J，Thomas L，Arfat Y A，Joseph A. 2018. Rheological，structural and functional properties of high - pressure treated quinoa starch indispersions [J]. Carbohydrate Polymers（197）：649 - 657.

Alvarez - Jubete L，Wijngaard H，Arendt E K，et al. 2010. Polyphenol composition and in vitro antioxidant activity of amaranth，quinoa buckwheat and wheat as affected by sprouting and baking [J]. Food Chemistry，119（2）：770 - 778.

Ando H，Chen Y，Tang H，et al. 2002. Food components in fractions of quinoa seed [J]. Food Science，8（1）：80 - 84.

Brittany L G，Patricio R S，Leonel E R，et al. 2015. Innovations in health value and functional food development of quinoa（*Chenopodium quinoa* Willd.）[J]. Comprehensive Reviews in Food Science and Food Safety（14）：431 - 444.

Cordeiro L M C，Reinhardt V D，Baggio C H，et al. 2012. Arabinan and arabinan - rich pectic polysaccharides from quinoa（*Chenopodium quinoa*）seeds：Structure and gastroprotective activity [J]. Food Chemistry（130）：937 - 944.

Escribano J，Cabanes J，Jimenez - atienzar M，et al. 2017. Characterization of betalains，saponins andantioxidant power in differently colored quinoa（*Chenopodium quinoa*）varieties [J]. Food Chemistry，234（1），285 - 294.

Estrada A，Li B，Laarveld B. 1998. Adjuvant action of *Chenopodium quinoa* saponins on the induction of antibody responses to intragastric and intranasal administered antigens in mice [J]. Com. Immun. Microbiol. & Infect. Diss（21）：225 - 236.

Gandarillas H. 1979. Qinua y Kaniwa cultivos Andinos [M]. Colombia: Instituto Interamericano de Ciencias Agrıcolas, Bogotá.

Hemalatha P, Bomzan D P, Rao B V S, et al. 2016. Distribution of phenolic antioxidants in whole and milled fractions of quinoa and their inhibitory effects on α - amylaseandα - glucosidaseactivities [J]. Food Chemistry (199): 330 -338.

Jancurova M, Minarovicova L, Dandar A. 2009. Review of current knowledge on Quinoa (*Chenopodium quinoa* Willd.) [J]. Czech Journal of Food Science, 27: 71 - 79.

Kizelsztein P, Govorko D, Komarnytsky S, et al. 2009. 20 - Hydroxyecdysone decreases weight and hyperglycemia in a diet - induced obesity mice model [J]. AJP Endocrinology and Metabolism (296): E433 - 439.

Koziol M J. 1992. Chemical composition and nutritional evaluation of quinoa (*Chenopodium quinoa* Willd.) [J]. Journal of Food Composition & Analysis, 5 (1): 35 - 68.

Lamothe L M, Srichuwong S, Reuhs B L, Hamaker B R. 2015. Quinoa (*Chenopodium quinoa* Willd.) and amaranth (*Amaranthus caudatus* L.) provide dietary fibres high in pectic substances and xyloglucans [J]. Food Chemistry (167): 490 - 496.

Letelier M E, Rodriguez - rojas C, Sanchez - jofre S, et al. 2011. Surfactant and antioxidant properties of an extract from *Chenopodium quinoa* willd seed coats [J]. Journal of Cereal Science, 53 (2): 239 - 243.

Monteiro A R, Rios A O, Flôres S H. 2015. Development of active biofilms of quinoa (*Chenopodium quinoa* W.) starch containing gold nanoparticles and evaluation of antimicrobial activity [J]. Food Chemistry (173): 755 - 762.

Navarro - Perez D, Radcliffe J, Tierney A, Jois M. 2017. Quinoa seed lowers serum triglycerides in overweight and obese subjects: a dose - response randomized controlled clinical trial [J]. Current Developments in Nutrition (1): e 001321.

Noonan S C, Savage G P. 2015. Oxalate content of foods and its effect on humans [J]. Asia Pacific Journal of Clinical Nutrition, 8 (1): 64 - 74.

Ogungbenle H N. 2003. Nutritional evaluation and functional properties of quinoa (*Chenopodium quinoa*) flour [J]. International Journal of Food Sciences and Nutrition, 54 (2): 153 - 158.

Oshodi A, Ogungbenle H. 1999. Chemical composition, nutritionally valuable minerals and functional properties of benniseed, pearl millet and quinoa flours [J]. Food Science (50): 325 - 331.

Pagno C H, Costa T M H, de Menezes E W, Benvenutti E V, Hertz P F, Matte C R, Tosati J V, Vega - Gálvez A, Miranda M, Vergara J, et al. 2010. Nutritionfactsandfunctional potential of quinoa (*Chenopodium quinoa* Willd.), anancient Andean grain: a review [J]. Journal of the Science of Foodand Agriculture (90): 2541 - 2547.

Paśko P, Zagrodzki P, Bartoń H, Chłopicka J, Gorinstein S. 2010. Effect of quinoa seeds (*Chenopodium quinoa*) in diet on some biochemical parameters and essential elements in blood of high fructose - fed rats [J]. Plant Foods Hum Nutr, 2010, 65: 333 - 338.

Pasko P, Barton H, Zagrodzki P, et al. 2009. Anthocyanins, total polyphenols and antioxidant activity in amaranth and quinoa seeds and sprouts during their growth [J]. Food Chemistry, 115 (3): 994 - 998.

Pathan S., Eivazi F., Valliyodan B., et al. 2019. Nutritional composition of the green leaves of quinoa (*Chenopodium quinoa* Willd.) [J]. Journal of Food Research, 8 (6): 55 - 65.

Repo - Carrasco R, Espinoza C, Jacobsen S E. 2003. Nutritional value and use of the Andean crops quinoa (*Chenopodium quinoa*) and kaiwa (*Chenopodium pallidicaule*) [J]. Food Reviews International (19): 179 - 189.

Rocchetti G, Chiodelli G, Giuberti G, et al. 2017. Evaluation of phenolic profile and antioxidant capacity in gluten - free flours [J]. Food Chemistry, 228: 367 - 373.

Tang Y, Li X H, Zhang B. 2015. Characterisation of phenolics, betanins and antioxidant activities in seeds of three *Chenopodium quinoa* Willd. genotypes [J]. Food chemistry, 166 (1): 380 - 388.

Verza S G, Silveira F, Cibulski S, et al. 2012. Immunoadjuvant activity, toxicity assays, and determination by UPLC/Q - TOF - MS of triterpenic saponins from *Chenopodium quinoa* seeds [J]. J Agric Food Chem, 60 (12): 3113 - 8.

Wefers D, Gmeiner B M, Tyl C E, et al. 2015. Characterization of diferuloylated pectic polysaccharides from quinoa (*Chenopodium quinoa* Willd.) [J].

Phytochemistry，116：320 - 328.
陈树俊，胡洁，庞震鹏，等 .2016. 藜麦营养成分及多酚抗氧化活性的研究进展 [J] 山西农业科学，44 (1)：110 - 114.
董飞，郭晓农 .2018. 藜麦种子总黄酮的提取及体外抑菌作用 [J]. 甘肃农业科技 (4)：14 - 18.
贡布扎西，旺姆 .1995. 南美藜生物学特性及栽培技术 [J] 西藏科技，4 (70)：19 - 22.
贡布扎西，旺姆 .1995. 西藏南美藜营养品质评价 [J]. 西北农业学报，1 (2)：85 - 88.
管骁，马志敏，宋洪东，等 .2021. 萌发藜麦的营养及其功能特性研究进展 [J]. 粮油食品科技，29 (4)：1 - 11.
候文睿 .2023. 藜麦幼苗营养成分分析及营养素评价 [D]. 山东农业大学，1 - 47.
胡秋霞，张国香，康乐，等 .2022. 藜麦营养特性及开发利用研究进展 [J]. 现代农业科技 (15)：181 - 185.
胡一波，杨修仕，陆平，等 .2017. 中国北部藜麦品质性状的多样性和相关性分析 [J]. 作物学报，43 (3)：464 - 470.
陆红法，张永正，方美娟 .2017. 浙江庆元高山藜麦营养成分分析 [J]. 浙江师范大学学报 (自然科学版)，40 (4)：441 - 445.
梅丽，韩立红，祝宁，等 .2022. 藜麦菜的设施栽培技术 [J]. 浙江农业科学，63 (10)：2286 - 2290.
申瑞玲，张文杰，董吉林，等 .2016. 藜麦的营养成分、健康促进作用及其在食品工业中的应用 [J]. 中国粮油学报，31 (9)：150 - 155.
石振兴，杨修仕，么杨，等 .2017. 60 份国内外藜麦材料子粒的品质性状分析 [J]. 植物遗传资源学报，18 (1)：88 - 93.
时俊帅，谷瑞，陈双林，等 .2019. 不同海拔的高节竹笋蛋白质营养品质差异分析 [J]. 江西农业大学学报，41 (2)：308 - 315.
王黎明，马宁，李颂，等 .2014. 藜麦的营养价值及其应用前景 [J]. 食品工业科技，35 (1)：381 - 389.
王启明 .2020. 藜麦在四川凉山引种及其品质特性分析 [D]. 青岛：中国农业科学院烟草研究所，1 - 41.
魏爱春，杨修仕，么杨，等 .2015. 藜麦营养功能成分及生物活性研究进展 [J]. 食品科学，36 (15)：272 - 276.

相启森，张丽华，姜亭亭，等.2016.藜麦提取物体外抗氧化活性研究.食品工业科技，37（2）：78-81.

许晓敏，刘中笑，张延国，等.2022.蔬菜中主要抗营养因子分析［J］.农产品质量与安全（4）：18-22.

延莎，邢洁雯，王晓闻.2020.不同菌种发酵对藜麦蛋白质特性及脂质构成的影响［J］.中国农业科学，53（10）：2045-2054.

于立梅，刘晓静，农仲文，等.2017.两类蔬菜品种营养成分含量及碳氮素特征的研究［J］.现代食品科技（11）：70-74.

张琴萍.2020.藜麦芽苗菜营养功能品质特性研究［D］.成都：成都大学，1-65.

周海涛，刘浩，么杨，等.2014.藜麦在张家口地区试种的表现与评价［J］.植物遗传资源学报，15（1）：222-227.

CHAPTER 9

第九章

藜麦的加工利用

藜麦营养价值丰富，可广泛用于食品行业。随着发达国家主食化的发展和藜麦的多样化，极大地促进了藜麦的消费，因此，藜麦新产品不断涌现。作为早餐谷物，藜麦米可以代替大米，藜麦零食也是近年来的新品。藜麦粉具有低脂、低升糖、低淀粉和稳定性强的优点，可用于煲汤、面条、饼干、面包等加工食品，也可与各种谷物混合食用。用40%～100%的大米粉、淀粉，制成新型面包，用藜麦粉代替淀粉，比原体积增加了33%，质地比原面包更均匀。把藜麦全粉和高山双歧杆菌添加到面包当中，能提高藜麦面包的营养价值、增加对矿物质的吸收和面包利用率。藜麦奶呈凝胶状，用葡萄糖酸化后营养丰富，比牛奶更分散的是藜麦、大豆、大米和燕麦的混合物。

国外对于藜麦产品研究，不是研究米食为主而是大多集中在面食领域，如将藜麦粉等物质添加到面包的生产过程中，制成无麸质面包，这样可以提高面包营养，口味也更加丝滑；或将藜麦和小麦作为主料，以荞麦、大米和玉米作为辅助材料，制成无麸质面条；又或者制作以藜麦和紫薯为原料，研究藜麦紫薯挤压膨化食品加工工艺并分析产品品质，最终产品相比于市面上大部分膨化食品口感更加蓬松，更受青少年喜爱。相比国外而言，国内不仅对藜麦在面食领域进行研究和应用，还涉及泡腾片、醋、啤酒、调料品和饮料等领域，如采用不同后处理工艺制备的藜麦鲜面、冷冻面、半干面和干面；用藜麦粉过筛后与荞麦粉混合，制成的藜麦饼干，不光口感更加酥脆，蛋白质也比普通饼干含量高；以藜麦为原料，运用固态发酵技术得到高品质的藜麦醋等。

第一节　北京市藜麦的加工利用

北京市目前的藜麦加工品主要为藜麦米、藜麦面和藜麦啤酒。

2017年北京市门头沟区引进了第一台藜麦加工生产线。同时，为优化藜麦米（粉）加工工艺，降低损耗率，经改进藜麦米筛盘，形成了专门针对北京本地红藜麦米（粉）的主要加工技术环节和加工流程。

一、藜麦米（粉）的加工流程

藜麦毛粮经风机除去秸秆土石等杂质，除杂后的藜麦由单联提升机送至清理去石，除去大杂及并肩石，然后由双联提升机送到砻谷机脱皮，谷糙混合物则经双联提升机输送到重力筛进行筛选，未脱皮的藜麦由重力筛回本导管送回到砻谷机，藜麦米则进入抛光机，经抛光机后吸去细糠流入另行配套的碎米筛，经碎米筛除去碎米后成品收集，之后经色选机色选后包装形成藜麦米。细糠及大糠同入粉碎机混合粉碎后，成统糠收集包装。经碎米筛除去碎米后经磨粉机磨粉，之后在配粉设备中按照功能粉配方调配混合，包装后得到藜麦粉（图9-1）。

二、藜麦专用粉及藜麦啤酒生产线建设

2018年，在门头沟区清水镇小龙门村的核桃庄园建设了一条藜麦专用粉生产线（彩图9-1至彩图9-3）。

藜麦加工设备除完成门头沟区种植收获藜麦加工外，还承接了外来藜麦的加工业务，年完成藜麦相关产品销售累计超过8万元。

2020年，门头沟区引进一条藜麦啤酒加工生产线（彩图9-4），并投入使用。

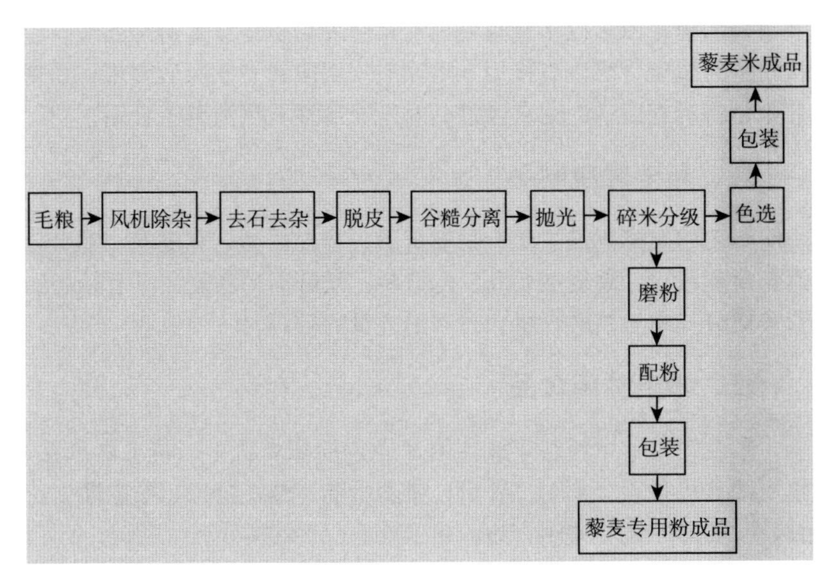

图 9-1 藜麦米（粉）工艺路线

三、相关藜麦产品

主要包括藜麦米、藜麦面粉和藜麦啤酒（彩图 9-5 至彩图 9-8）。销售形式上采用线上线下相结合。如门头沟地区线下利用大山山货门店进行藜麦的宣传和销售，线上采用大山山货的淘宝网店的方式销售。

第二节 其他地区藜麦加工产品

除北京外，国内其他地区目前开发、生产、销售的藜麦加工产品主要包括藜麦淀粉制品、藜麦发酵制品、藜麦休闲食品、藜麦面食、藜麦茶品、藜麦饮料等。

一、藜麦淀粉制品

藜麦的淀粉制品主要有藜麦米、藜麦粉、藜麦片。藜麦米是将藜麦脱壳以后真空包装保藏，有红、黄、白、黑等多种颜色，市场上销售的藜麦米多以多色藜麦为主；藜麦粉是将藜麦清洗处理以后打粉密封包装，可以直接用开水冲泡饮用或者烹煮以后食用；藜麦片则是将脱壳以后的藜麦经过高温压成薄片，供消费者食用。

二、藜麦发酵制品

藜麦的发酵制品主要有藜麦黄酒、藜麦白酒、藜麦醋、藜麦料酒、藜麦酱汁、藜麦酸奶和发酵饮料。发酵后的藜麦酒具有较高的营养成分，总氨基酸含量和总多酚含量均较高。

三、藜麦休闲食品

藜麦为主要原料制作的休闲食品包括藜麦饼干、藜麦爆米花、藜麦即食代餐粥、藜麦代餐粉、藜麦蛋糕、藜麦奶昔、藜麦即食花胶、藜麦营养棒等休闲食品。

四、藜麦面食

藜麦面食主要有藜麦挂面、藜麦方便面。

五、藜麦茶品

藜麦茶品主要有藜麦籽粒茶、藜麦绿茶、藜麦红茶。藜麦籽粒茶是将藜麦籽粒焙烤成藜麦茶，藜麦绿茶和红茶是将藜麦培育48天后采用藜麦嫩叶制作成绿茶和红茶。目前市场上主要以藜麦籽粒茶为主。

六、藜麦饮料

藜麦饮料主要有藜麦奶茶、藜麦复合饮料等。

CHAPTER 10

第十章

藜麦菜品的开发

第一节　藜麦的主要食用方法

藜麦易熟口感好，可与任何食材搭配。

单独食用：煮粥或者焖饭。煮粥时，在滚水中煮沸 10～15 分钟，令其膨胀、变透明后即可食用。焖饭时火力不宜太高，如使用电饭煲，水量要适中。为使其香味更浓，可在入锅之前把藜麦放在干燥的煎锅里烘烤几分钟，烘烤的过程中要不断地搅动使其受热均匀以免烤焦。

混合食用：很多人喜欢将藜麦混合小米或者大米一起食用，例如：藜麦小米粥、藜麦大米粥、藜麦大米焖饭。

搭配其他食材制作特色菜肴：一般将藜麦单独煮熟后再与其他食材烹饪，例如：藜麦海参粥（营养滋补餐）、藜麦水果沙拉（营养减肥餐），也可以将藜麦发芽后配合其他食材食用，营养更高。

煮汤：藜麦有清香味道，很适宜与其他材料做汤类，例如：藜麦南瓜汤、藜麦番茄汤、藜麦鸡丝汤。

饮品：藜麦榨汁配制的饮品非常可口，例如：生藜麦可与各类水果混合鲜榨果汁。

藜麦茶：将藜麦炒成金黄色，杯子里放一勺用开水冲饮。

第二节　藜麦美食

2016年，著者以藜麦米和藜麦叶菜为食材，开发了4类36道菜品，其中热菜系列11道，包括：藜麦芝士牛肉、藜麦葱烧牛肝菌、菊苣藜麦鸡肉碎、清炒藜麦、鸳鸯藜麦瓜、藜麦蒸排骨、藜麦米芙蓉虾仁、藜麦蒜香羊肉、藜麦煎虾饼、藜麦米菊花鱼、清蒸藜麦肉丸。凉菜系列6道，包括：藜麦米水果冷炸弹、藜麦肉松蔬菜沙拉、藜麦芽苗核桃仁、蒜蓉拌藜麦、彩菊藜麦苗、动感藜麦卷；主食系列12道，包括：藜麦双色卷饼、藜麦米寿司、藜麦米汤圆、藜麦水晶包、鸡蛋炒藜麦饭、藜麦水饺、八宝三色饭、藜麦云吞、藜麦糕、藜麦土豆饼、藜麦面条、藜麦养生粽子。汤粥系列7道，包括：藜麦苗鱼肉汤、番茄藜麦酸黄花牛尾汤、藜麦米炖松茸、海参大枣藜麦汤、养生藜麦粥、藜麦米糊、藜麦焦早茶。

一、热菜系列

1. 藜麦芝士牛肉（彩图10-1）

材料：蒸熟的藜麦米、腌好的牛肉粒、秋葵、彩椒、芝士粉、牛奶、盐、白糖、白胡椒粉、黄奶油

做法：

①秋葵、彩椒切丁备用。

②锅上火，先将牛肉粒用黄油炒熟，放入秋葵、彩椒一起煎一下备用。

③锅洗净烧热，加黄油把芝士粉炒香后加牛奶，放调料调味。放秋葵、彩椒、牛肉粒炒匀，最后放入蒸熟的藜麦米，出锅装盘。

2. 藜麦米芙蓉虾仁（彩图10-2）

材料：蒸熟的藜麦米、虾仁、鸡蛋清、枸杞、盐、白糖、鸡精、生粉、油

做法：

①虾仁切丁加少许盐腌一下，加少许生粉、鸡蛋清上浆。

②锅烧热放油，放入鸡蛋清、虾仁，用勺轻推鸡蛋清至熟（油温不要太高，否则鸡蛋易老）。

③锅洗净放少许油，加少许清水，放蒸熟的藜麦米、调料入味，把鸡蛋清、虾仁加入炒匀即可。

3. 藜麦葱烧牛肝菌（彩图 10－3）

材料：鲜牛肝菌 200 克、蒸熟的藜麦米 50 克、大葱段 4 个、老抽 5 克、蚝油 10 克、美极酱油 5 克、盐 2 克、白糖 12 克、猪油 20 克、葱油 10 克、鸡汤 30 克

做法：

①先把牛肝菌切成大小均匀的块，用开水焯一下。

②锅烧热下猪油，把大葱段煎成黄色，放入老抽、蚝油炒一下，加鸡汤，放盐、白糖调味。

③把牛肝菌放入，中火烧 2 分钟，汤汁变少时把蒸熟的藜麦米放入，炒匀后淋葱油，出锅装盘。

4. 藜麦蒜香羊肉（彩图 10－4）

材料：羊肉 300 克、蒸熟的藜麦米 50 克、蒜蓉 30 克、青红椒粒 30 克、炸好的蒜片 20 克、盐 3 克、蚝油 10 克、白糖 5 克、老抽 5 克、生抽 5 克、胡椒粉 3 克、料酒 5 克，油纸 1 张、油 20 克

做法：

①先把羊肉切成片，加盐和生抽码味。

②锅烧热加油，把羊肉过油至七成熟，出锅控油。

③锅上火加姜、蒜炒香，加调料把羊肉片加进，炒匀。

④放蒸熟的藜麦米拌匀后盛在油纸上，把蒜片放在其上并用纸包好即可。

5. 菊苣藜麦鸡肉碎（彩图 10－5）

材料：黄菊苣 8 片、鸡腿肉 150 克、红黄彩椒 50 克、秋葵 50 克、蒸熟的藜麦米 50 克、盐 3 克、鸡精 4 克、橄榄菜 10 克、油 20 克、姜蒜片各 3 克

方法：

①鸡腿肉切小丁加盐码味，彩椒和秋葵切成小丁。

②锅烧热放油，把鸡肉小火煸八成熟倒出。

③锅内再放油，放入姜蒜片炒香，再放入鸡肉和彩椒秋葵一起炒，加盐和橄榄菜炒香入味。

④加蒸熟的藜麦米拌匀，盛入黄菊苣片内装盘即可。

6. 藜麦煎虾饼（彩图 10－6）

材料：鲜虾仁 250 克、木耳 30 克、胡萝卜 30 克、秋葵 30 克、蒸熟的藜麦米 30 克、盐 5 克、白糖 5 克、胡椒粉 3 克、鸡蛋清 1 个、红薯粉 10 克、蒜汁 20 克、酱油 10 克、醋 10 克

方法：

①虾仁挤干水分，用刀拍碎；胡萝卜和木耳切丝，秋葵切碎，把上面几种混合在一起搅匀，加盐、白糖、胡椒粉。

②鸡蛋清和红薯粉打上劲，加藜麦米饭挤成大小一样的虾球。

③不粘锅上火，加少许油，把挤好的虾球放锅里压成饼煎熟。

④蒜汁加醋、酱油拌匀后和虾饼一起摆盘。

7. 清炒藜麦（彩图 10－7）

材料：藜麦大苗、盐、鸡精、葱油、白糖

做法：

①将藜麦苗择洗干净。

②锅上火加清水烧开，加少许盐、白糖，放入藜麦苗快速焯水倒出。

③锅烧热放葱油，放入藜麦苗快炒，加少许盐、鸡精炒匀，出锅即可。

8. 藜麦米菊花鱼（彩图 10－8）

材料：鳜鱼 1 条、藜麦米粉 30 克、蒸熟的藜麦米 20 克、生粉 100 克、盐 5 克、鸡蛋 1 个（仅用鸡蛋清）、糖醋汁 300 克、菊花 1 支、色拉油 1 千克

做法：

①鳜鱼改刀成菊花状，用盐腌制挂鸡蛋清和藜麦米粉，最后拍生粉把鱼肉卷成菊花状。

②锅上火烧热后放入油烧至 6 成油温，把卷好的鱼肉一个一个

放入油锅内，炸至金黄色捞出摆盘。

③锅里油倒出，加入糖醋汁勾生粉，然后放入蒸熟的藜麦米，加热油把汁发起淋在摆好的鱼上面。菊花切碎放在鱼肉上即可。

9. 鸳鸯藜麦瓜（彩图10-9）

材料：贝贝南瓜1个、蒸熟的藜麦米30克、紫薯200克、牛奶100克、蜂蜜30克、鱼胶粉6克

做法：

①先把贝贝南瓜洗净，用刀从瓜顶部切开；去掉瓜瓤，上笼蒸熟；紫薯切片后也一起同贝贝南瓜蒸熟。

②先把蒸熟的紫薯加蜂蜜和鱼胶粉搅拌均匀，加热后放贝贝南瓜里（只能占贝贝南瓜的一半）。

③把牛奶加蜂蜜和蒸熟的藜麦米拌匀加热后，也加入贝贝南瓜内至冷却。

④冷却后，用水果刀慢慢地切片摆盘即可。

10. 清蒸藜麦肉丸（彩图10-10）

材料：藜麦60克、糯米100克、绿橄榄4片，猪绞肉（后腿）、葱姜水、盐、料酒、生抽、生粉、麻油适量

做法：

①用流动的水冲洗藜麦的杂质，清水浸泡2小时；大火烧开锅里的水，藜麦入锅煮5分钟捞出放凉。

②煮好的藜麦与提前泡发的糯米混合均匀备用；猪绞肉用刀剁细，用盐、葱姜水调味，注意搅拌均匀。

③锅内水烧沸后加适量盐，再加入绿橄榄氽烫变色，捞出过凉水并挤干水分。

④将绿橄榄切细丝备用。

⑤取适量肉馅，挤成肉丸。

⑥将肉丸表面裹满藜麦与糯米。

⑦依次做完所有丸子，摆入深盘。

⑧水烧开后入蒸锅蒸15分钟。

⑨将切好的绿橄榄丝，摆成等分的圆环状（橄榄菜环）；淀粉加水混匀制成水淀粉。

⑩将放凉的肉丸摆放到橄榄菜环上。

⑪将蒸肉丸的汤汁调味勾芡。

⑫将芡汁浇在肉丸表面，再点缀适量煮好的藜麦即可。

11. 藜麦蒸排骨（彩图 10－11）

材料：排骨 500 克、藜麦 50 克、盐 2 克、油 10 克、蚝油 10 克、生抽 15 克、豆豉酱 15 克、淀粉和白糖少许

做法：

①排骨洗净，加盐、豆豉酱、蚝油、生抽、白糖腌制 1 小时。

②藜麦加温水浸泡 30 分钟。

③藜麦放入锅中煮 5 分钟，捞出。

④将腌好的排骨中加少许淀粉拌匀，再放入油拌匀。

⑤取一蒸碗，底部铺一层藜麦。

⑥然后放入腌过的排骨。

⑦在排骨上面再撒一层藜麦。

⑧将蒸碗放入锅中，蒸 40 分钟即可。

二、凉菜系列

1. 藜麦米水果冷炸弹（彩图 10－12）

材料：蒸熟的藜麦米、哈密瓜、火龙果、木瓜适量，巧克力炸弹 1 个、卡夫奇妙酱 30 克、白糖 10 克、芥末油 2 克

做法：

①先把三种水果分别切成大小一致的丁。

②蒸熟的藜麦米加卡夫奇妙酱、白糖、芥末油搅拌均匀。

③把巧克力炸弹打开，水果丁用拌好酱的藜麦米拌一下，放入巧克力炸弹封好装盘即成。

2. 蒜蓉拌藜麦（彩图 10－13）

材料：藜麦苗、蒸熟的藜麦米、蒜蓉适量，盐 2 克、白糖 2 克、橄榄油 5 克

做法：

①把藜麦苗择洗干净，用开水焯一下（时间要短）。

②用手把焯过水的藜麦苗水挤干，加调料和蒜蓉拌匀。再加熟藜麦米装盘。

3. 藜麦肉松蔬菜沙拉（彩图 10-14）

材料：藜麦苗、蒸熟的藜麦米，紫甘蓝、圆生菜、彩椒、肉松、蛋黄酱、盐、白糖

做法：

①将各种蔬菜洗净、改刀。

②把改刀后的蔬菜，加藜麦米、调料拌匀装盘，最上面放肉松。

4. 彩菊藜麦苗（彩图 10-15）

材料：食用菊花、百合花切丝、藜麦苗、盐、白糖、橄榄油

做法：

①食用菊花、百合花先用淡盐水浸泡 5 分钟，藜麦苗去根洗净。

②食用菊花、百合花用清水洗一下，和藜麦苗一起控干水。

③加盐、白糖、橄榄油拌匀即可。

5. 藜麦芽苗核桃仁（彩图 10-16）

材料：鲜核桃仁 30 克、藜麦芽苗 150 克、盐 3 克、白糖 2 克、橄榄油 10 克

方法：

①把藜麦芽苗择洗干净，控干水分，核桃仁用开水焯一下。

②把藜麦芽苗和核桃仁中加入盐、白糖、橄榄油，拌匀后装盘。

6. 动感藜麦卷（彩图 10-17）

材料：藜麦芽苗 150 克、自制春卷皮 4 张、蒜泥 20 克、东古酱油 30 克、香油少许、陈醋 10 克

做法：

①藜麦芽苗择洗干净，控干水分。

②将春卷皮摊开，把藜麦芽苗分别放在 4 张春卷皮上卷成卷，

改刀摆盘。

③蒜泥加调料拌匀和藜麦卷一起摆盘。

三、主食系列

1. 藜麦双色卷饼（彩图 10－18）

材料：藜麦米、藜麦苗、菠菜、鸡蛋、面粉、猪耳丝、盐、鸡精、番茄沙司

做法：

①绿色饼：藜麦米泡 10 分钟，加菠菜用搅拌机打成汁，加鸡蛋、面粉、盐、鸡精搅成糊，摊成小薄饼，放藜麦苗、猪耳丝、番茄沙司卷成卷。

②白色饼：藜麦米泡 10 分钟，上笼蒸熟。藜麦米用少许清水搅开，与面粉、鸡蛋、盐、鸡精一起拌匀成糊。摊薄饼，和绿色饼一样放入藜麦苗等卷成卷。

2. 藜麦米寿司（彩图 10－19）

材料：蒸熟的藜麦米、彩椒、荷兰黄瓜、三文鱼、海苔、寿司醋、芥末膏

做法：

①蒸熟的藜麦米加寿司醋拌匀，荷兰黄瓜、彩椒、三文鱼切成筷子粗细的条。

②把海苔片放折子上面，先把拌好醋的藜麦米均匀抹在海苔上，再分别将彩椒、荷兰黄瓜、三文鱼条放上，用折子慢慢卷起。改刀装盘。

3. 藜麦米汤圆（彩图 10－20）

材料：藜麦米粉 50 克、糯米粉 100 克、藜麦米（泡透）30 克、白莲蓉 50 克

方法：

①先将藜麦米蒸熟，加白莲蓉拌成馅。

②两种米粉加凉水和成面团，把馅料切成小块，面团分成小个。

③用面团把馅包好，揉成小圆球下开水锅煮熟盛碗内。

4. 藜麦水晶包（彩图 10－21）

材料：澄面 50 克、生粉 80 克、肉馅 100 克、藜麦苗 50 克、蒸熟的藜麦米 20 克、盐 5 克、鸡精 5 克、胡椒粉 2 克、姜末 5 克、猪油 10 克

方法：

①澄面、生粉加猪油，用开水烫制成烫面团。

②肉馅加调料搅拌均匀，加蒸熟的藜麦米，藜麦苗洗净切碎和肉馅一起拌匀。

③把和好的烫面揪成乒乓球大小的面团，将其擀成薄面皮，包入馅，上笼屉蒸 10 分钟即可。

5. 鸡蛋炒藜麦饭（彩图 10－22）

材料：藜麦米 50 克、鸡蛋 2 个、油 30 克、葱花 5 克、盐 3 克、胡椒粉 2 克

方法：

①藜麦米洗干净，加好适量水，加 5 克油上笼蒸半小时。

②锅烧热加油，将提前打好的鸡蛋炒半熟。下入藜麦饭、盐、胡椒粉一起炒匀，放葱花，装盘即可。

6. 藜麦水饺（彩图 10－23）

材料：藜麦米、藜麦苗、面粉、肉馅、盐、鸡精、酱油、胡椒粉、葱油、姜末、小葱末

做法：

①先将藜麦米用搅拌机加少许水打成汁，加面粉及少许盐和成饺子面团备用。

②藜麦苗择洗干净切碎，肉馅加调料、姜末、小葱末和成藜麦苗馅。

③将饺子面团做成饺子皮（厚些，否则易破），包入藜麦苗馅，入开水锅小火煮熟即可。

7. 八宝三色饭（彩图 10－24）

材料：小米、紫米、藜麦米，红豆、干核桃仁、红枣、莲子

米、百合、枸杞、葡萄干、青红丝、冰糖、蜂蜜

做法：

①先把红豆、莲子米、红枣提前泡透，再将三种米分别浸泡，紫米需泡 1 小时，小米和藜麦米泡 10 分钟。

②先将红豆蒸半小时半熟，加入干核桃仁、百合、枸杞、葡萄干、青红丝混合在一起装入碗中。分三份，分别加进三种米蒸半小时后，再将三种米饭拼在一起放入碗中，加冰糖蒸 1 小时至熟，扣在盘中淋上少许蜂蜜即可。

8. 藜麦云吞（彩图 10－25）

材料：馄饨皮 15 张、藜麦苗 50 克、肉馅 50 克、藜麦米饭 20 克、姜少许、盐 5 克、鸡精 5 克、胡椒粉 3 克、生抽 20 克、虾皮 20 克、紫菜 10 克、醋 5 克、香油 3 克、香菜末 10 克

方法：

①先把藜麦苗洗净切成末，与肉馅一起加盐、鸡精、生抽，姜切成末，混入藜麦米饭，搅成馅用馄饨皮包好。

②砂锅加水烧开，下入包好的云吞煮熟，加入剩下的调料即可。

9. 藜麦糕（彩图 10－26）

材料：马蹄粉 125 克、黄片糖 200 克、藜麦 70 克

做法：

①取藜麦 70 克，淘洗干净。

②在沸水中煮 15 分钟，捞起备用。

③另取一锅，放黄片糖，加水 540 克，煮沸。

④倒入煮过的藜麦，制成藜麦糖浆，并保持微沸的状态。

⑤马蹄粉用一个大碗盛好，倒入 150 克水，稍微浸泡 10 分钟，制成生粉浆。将④中煮沸的藜麦糖浆迅速倒入生粉浆中，边倒边搅拌，粉浆会部分凝固。

⑥将半凝固的粉浆分置于硅胶模中，大火蒸 20 分钟，取出待凉脱模即可，吃时可微煎或是拌入煮好的藜麦粒一起吃，味道都很好。

10. 藜麦土豆饼（彩图 10－27）

材料：藜麦、土豆泥、小麦面粉、盐、胡椒粉

做法：

①将土豆泥与藜麦 1∶1 混匀。再加入两小勺的小麦面粉，小麦面粉大约是土豆泥的 1/3（面粉主要是起黏性作用，让土豆泥和藜麦成型不会分散，加多了烙出的饼比较硬）。

②加入盐和胡椒粉拌匀。

③双手蘸水把面团分割成小面团，分别滚圆压扁。

④放入油锅中，将两面煎成金黄色即可。

11. 藜麦面条（彩图 10－28）

材料：藜麦米粉 100 克、面粉 200 克、鸡蛋 1 个、藜麦苗 50 克

调料 A：五花肉丁 50 克、茄子丁 150 克、姜蒜末 50 克、酱油 30 克、盐 5 克、鸡精 5 克

调料 B：鸡蛋 2 个、番茄 2 个、盐 10 克、鸡精 10 克、酱油少许

做法：

①先把藜麦粉和面粉加鸡蛋、水和成面团，醒一会后用擀面杖擀成面片，切成面条。

②将调料 A 和 B 分别炒熟，制成茄丁卤和西红柿鸡蛋卤。

③锅放水烧开，下面条煮熟。捞出过一下冷水装碗内，藜麦苗择洗干净，去掉水分放在面上作装饰。

12. 藜麦养生粽子（彩图 10－29）

材料：藜麦、黄米或者糯米、赤豆、粽叶、樱桃或者南瓜

做法：

①黄米冷水浸泡 3 天，赤豆提前冷水泡胀。

②黄米、赤豆、藜麦按 4∶1∶1 的比例混合。

③粽叶蘸少量面粉清洗干净后煮软消毒。

④粽叶折成漏斗状，放入②，里面可放入樱桃。

⑤压实食材后折叠粽叶封口并扎紧。

⑥冷水入锅，然后煮 1.5 小时，煮时水要没过粽子并放置笼屉等压好。

⑦煮熟后粽子最好放置在锅中随食随取，可以保持风味。依个人口味喜好，黄米可以换成糯米，樱桃也可以换成南瓜等。

四、汤粥系列

1. 藜麦苗鱼丸汤（彩图 10-30）

材料：藜麦苗、鱼肉、鸡蛋清、盐、生粉、猪大油

做法：

①鱼肉洗去血水，去骨刺剁碎，藜麦苗择洗干净。

②剁碎鱼肉加盐、生粉、猪大油、鸡蛋清一起搅拌。加些清水顺一个方向打起劲。

③锅上火放清水烧热至 50℃左右，把打上劲的鱼肉一个个挤成小丸下入水中。慢火烧开至鱼丸熟，汤中加入少许盐，放入洗净的藜麦苗至水沸即可。

2. 番茄藜麦酸黄瓜牛尾汤（彩图 10-31）

材料：牛尾适量、番茄 2 个、藜麦 60 克、酸黄瓜 2 根、洋葱 1/2 个、大蒜 2 瓣、黄油 2 汤匙、香叶 1 片、番茄沙司 1 勺、黑胡椒粉适量

做法：

①将 1/4 个洋葱切成小丁，大蒜 2 瓣用刀拍松散。

②牛尾用清水浸泡 30 分钟去除血水，用清水冲洗干净。

③锅内放入 1 汤匙黄油，加热化开，放入洋葱丁和大蒜，炒出香味。

④牛尾放在锅中，用铲子翻炒，炒到表面呈金黄色关火。

⑤炒过的牛尾和洋葱、蒜一起放入电压力锅中。

⑥加水没过牛尾表面，放入 1 片香叶，挤入少量柠檬汁。

⑦按“肉类”键按钮煮 20 分钟，然后用勺子把牛尾捞出备用。

⑧用漏勺把锅里的洋葱和蒜捞出，留下清汤备用。

⑨取其中一个番茄切丁，剩下的 1/4 个洋葱切丁。

⑩锅里放入1汤匙黄油，加热化开，放入洋葱丁和番茄丁翻炒。

⑪加入一勺番茄沙司，翻炒至番茄变软，锅底出现红油。

⑫牛尾清汤和煮熟的牛尾倒入砂锅中。

⑬炒好的番茄倒入锅中，大火煮开，转中小火熬煮20分钟。

⑭藜麦洗净，待汤汁煮到红亮，放入锅中煮15分钟，至表面呈晶莹透亮状。

⑮另一个番茄切成花瓣形的大块，酸黄瓜切丁，放入锅中，继续熬煮10分钟至番茄变软。

⑯加入适量食盐，撒入适量黑胡椒粉调味，关火即可。

3. 海参大枣藜麦汤（彩图10-32）

材料：和田大枣、海参、藜麦半碗、冰糖

做法：

①和田大枣清洗干净，温水浸泡半个小时。

②海参浸泡2个小时让其软化。

③藜麦淘洗干净后浸泡2个小时。

④海参切成薄片。

⑤把浸泡好的和田大枣倒入高压锅，加水。

⑥加入切好的海参片。

⑦盖上高压锅盖，大火煮至发出扑哧声再中火煮10分钟。

⑧10分钟后，打开安全阀门，后开锅盖，加入浸泡好的藜麦，不用锁上安全阀门，盖着锅盖即可，大火煮开后再煮5分钟即可。

⑨加入冰糖。

4. 藜麦米炖松茸（彩图10-33）

材料：干松茸、蒸熟的藜麦米、鸡汤、盐、白糖

做法：

①干松茸用温水洗去沙土，用砂锅加水煮2小时，捞出松茸改刀。汤备用。

②炖盅洗净，把改刀的松茸放入盅类。松茸水加鸡汤，放盐、白糖调味，把蒸熟的藜麦米放入小火熬黏。盛入炖盅加盖上笼屉，

蒸半小时取出即可。

5. 养生藜麦粥（彩图 10－34）

材料：红枣、莲子、藜麦米、百合、冰糖

做法：

①先把莲子、红枣、藜麦米泡半小时。

②用砂锅加水烧开，下入泡好的红枣、莲子、藜麦米小火煮 20 分钟，加百合、冰糖再煮 15 分钟即可。

6. 藜麦米糊（彩图 10－35）

材料：藜麦米粉 50 克、盐 6 克

做法：砂锅加 2 升水烧开，藜麦米粉加凉水调开。用勺轻搅砂锅里的水，慢慢倒入，边搅边倒，使米粉成糊，开锅后加盐即可食用

7. 藜麦焦早茶（彩图 10－36）

材料：大枣 20 个、藜麦米 50 克、冰糖 50 克

做法：

①先把大枣放烤箱，150℃烤 20 分钟，边烤边翻动。

②藜麦米上锅用小火慢炒，炒香即可，大约炒 5 分钟。

③用砂锅加开水上火，把大枣和炒好的藜麦米下入，小火煮 2 分钟，加入冰糖即可。

彩图 2-1　藜麦的根

彩图 2-2　藜麦的茎

彩图 2-3　藜麦的叶

彩图 2-4　藜麦的花

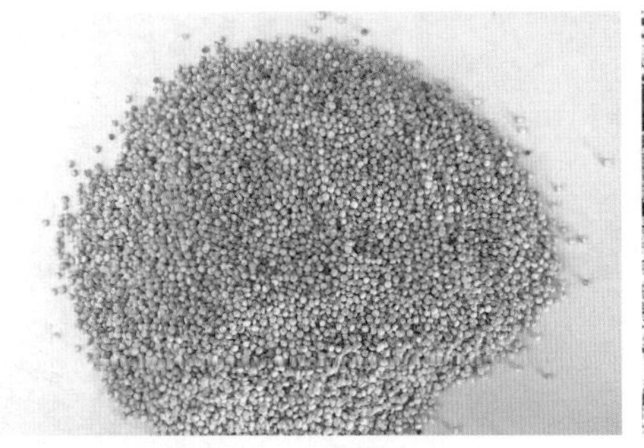

彩图 2-5　藜麦的种子

彩图 2-6　出苗期

彩图 2-7　现蕾期

彩图 2-8　开花期

彩图 2-9　灌浆期

彩图 2-10　成熟期

彩图 3-1　延庆永宁藜麦

彩图 3-2　延庆刘斌堡藜麦

彩图 3-3　延庆香营藜麦

彩图 3-4　昌平延寿藜麦

彩图 3-5　红藜 1 号景观效果

彩图 3-6　红藜 2 号景观效果

彩图 3-7　陇藜 1 号景观效果

彩图 3-8　陇藜 3 号景观效果

彩图 3-9　材料 3（左）和材料 5（右）

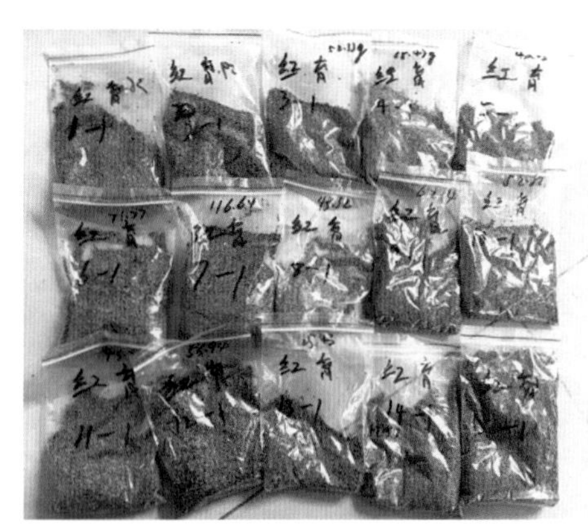

彩图 3-10　红藜 1 号和红藜 2 号选育过程（优秀单株）

彩图 3-11　门头沟区清水镇下清水村

彩图 3-12　延庆区香营乡上垙村

彩图 3-13　昌平区延寿镇分水岭村

彩图 4-1　不同生育时期藜麦长势

A. 出苗期，B. 分枝期，C. 麦穗期，D. 开花期，E. 转色期，F. 成熟期

感染笄霉茎腐病的植株

彩图 4-2　甜菜筒喙象及笄霉茎腐病对藜麦的危害

彩图 4-3　5 月 28 日后播种的藜麦成熟期麦穗及秸秆颜色

彩图 4-4　前茬打过除草剂和未打过除草剂的地块藜麦出苗情况

彩图 4-5　前茬打过除草剂的地块藜麦分枝期长势

彩图 4-6　除草剂飘到藜麦地块对藜麦的影响

彩图 4-7　不同地力下藜麦的生产差异表现

彩图 5-1　甜菜筒喙象危害导致藜麦成片倒伏和枯死

彩图 5-2 甜菜筒喙象危害藜麦

A. 成虫产卵后形成的干裂斑 B. 病菌趁机而入形成的腐烂果穗 C. 幼虫蛀茎为害导致疏导组织褐变 D. 植株受害后导致主茎和侧枝折断

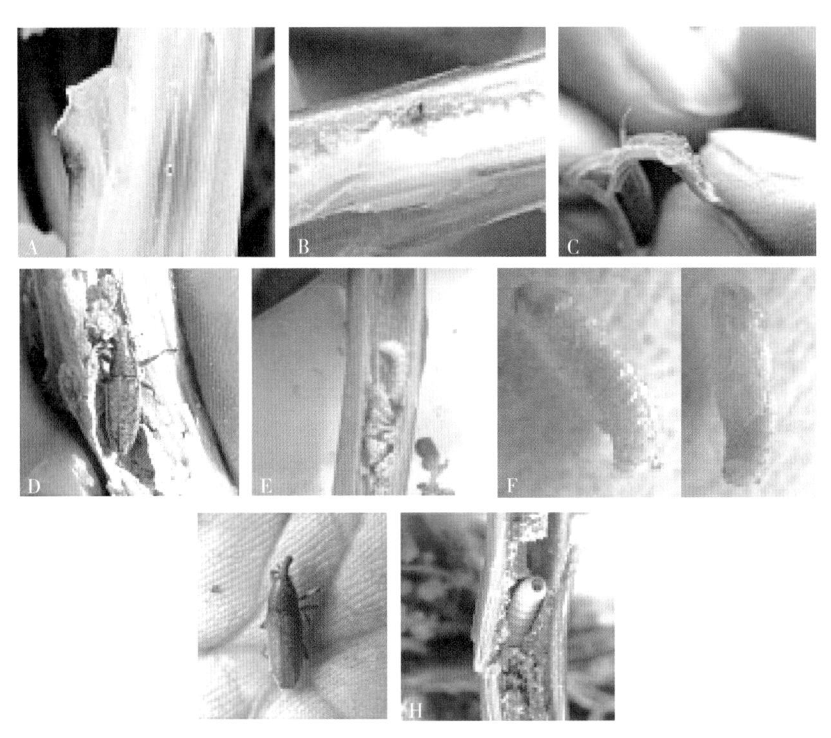

彩图 5-3 甜菜筒喙象不同虫态及危害状

A. 产卵痕 B. 卵 C.2 龄幼虫 D.3 龄幼虫 E.4 龄幼虫 F. 蛹的背面观和腹面观 G. 红棕色成虫 H. 棕褐色成虫

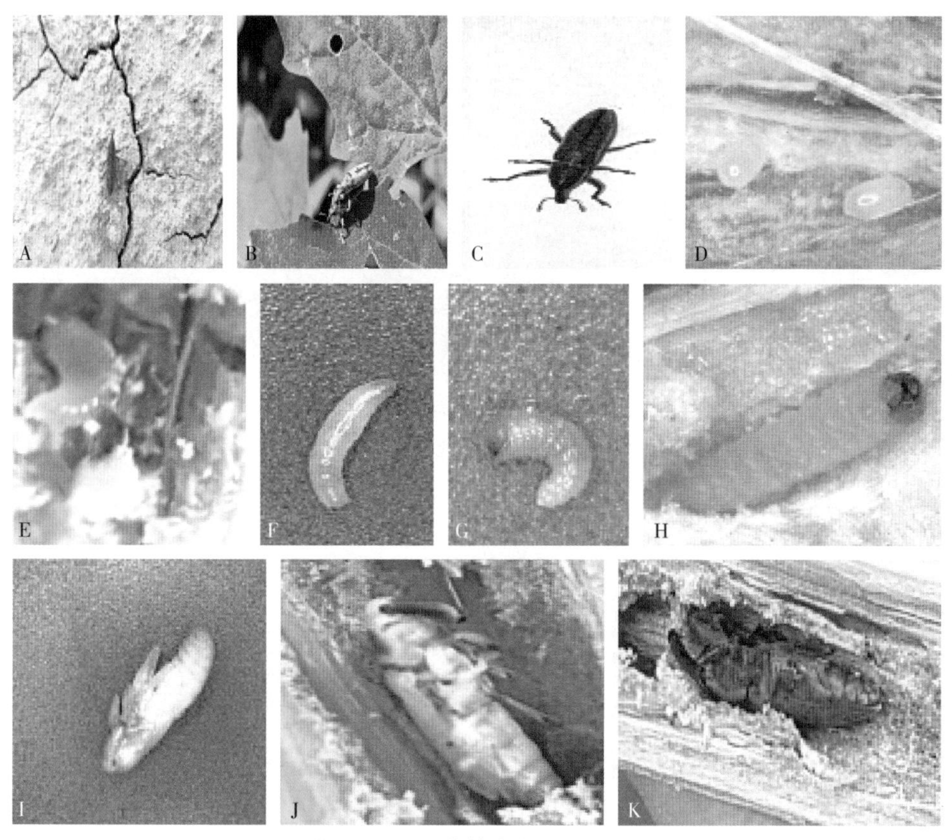

彩图 5-4　甜菜筒喙象各虫态特征

A. 红棕色成虫　B. 灰褐色成虫　C. 黑色成虫　D. 卵　E. 1 龄幼虫　F. 2 龄幼虫　G. 3 龄幼虫　H. 4 龄幼虫　I. 蛹　J. 初羽化成虫　K. 茎秆中成虫

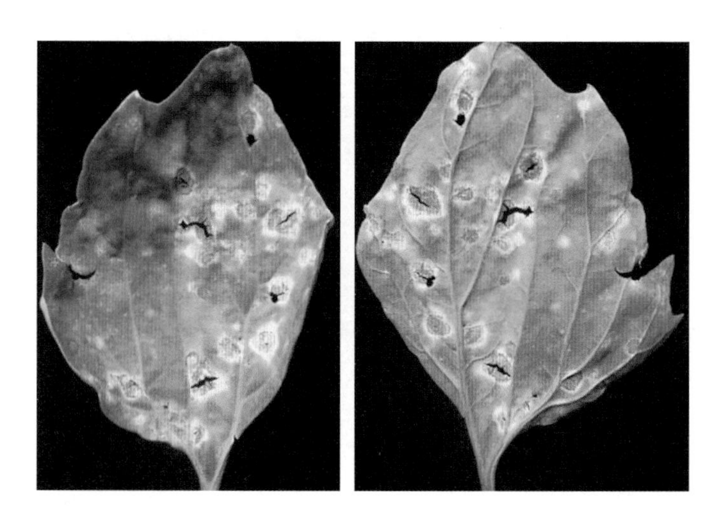

彩图 5-5　钉孢叶斑病叶部症状

（左：正面；右：背面）

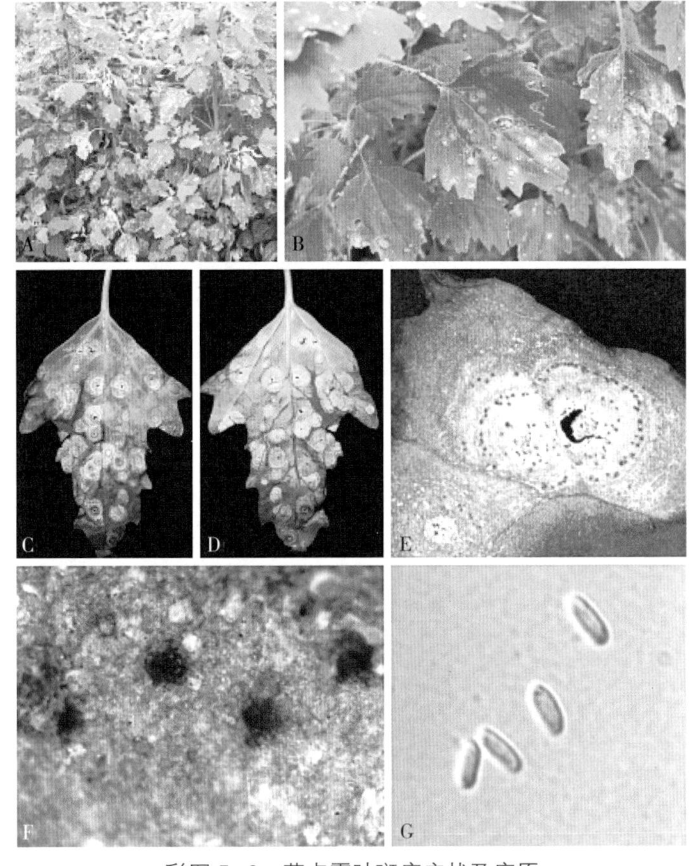

彩图 5-6　茎点霉叶斑病症状及病原

A—F. 症状　G. 病原

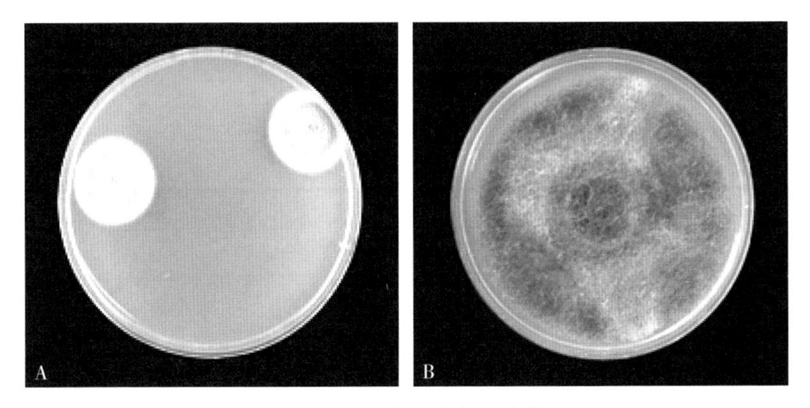

彩图 5-7　叶斑病病原菌落

A. 茎点霉　B. 链格孢

彩图 5-8　笄霉茎腐病植株顶端和茎部症状

A. 顶梢枯死　B. 茎秆弯曲

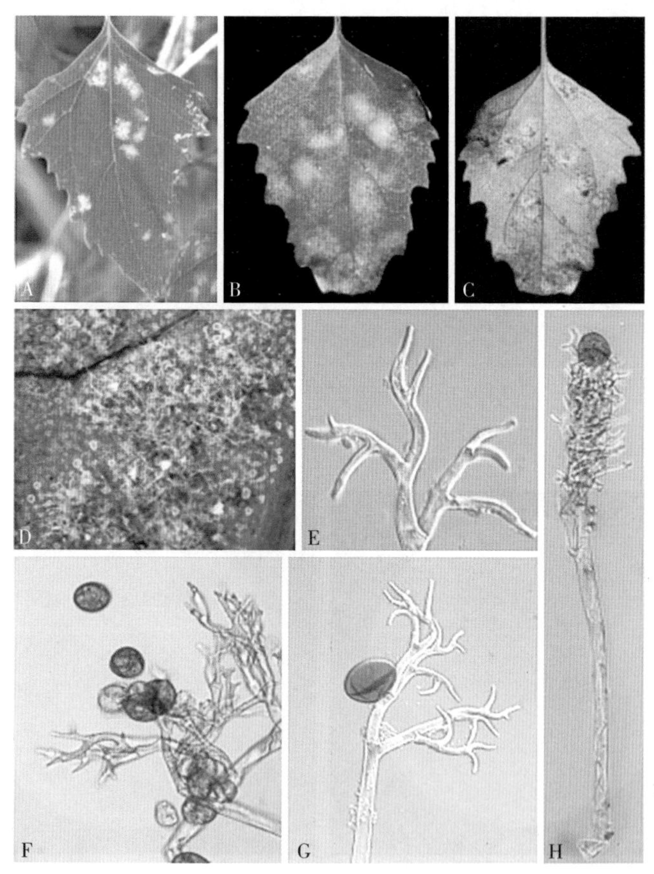

彩图 5-9　霜霉病症状及病原

A-C. 症状　D-H. 病原

彩图 6-1　机械条播

彩图 6-2　覆膜机械穴播

彩图 6-3　育苗移栽

彩图 6-4　延庆四海镇前山村机械条播效果

彩图 6-5　延庆四海镇前山村人工条播效果

彩图 6-6　延庆区大榆树镇姜家台村自制耧播机械及播种效果

彩图 6-7　延庆区香营乡上垙村自制耧播机械及播种效果

彩图 6-8　延庆区刘斌堡镇下虎叫村耧播效果

彩图 6-9　2 行蔬菜精量播种机

彩图 6-10　2 行蔬菜精量播种机播种效果

彩图 6-11　蔬菜 4 行播种机

彩图 6-12　谷物 4 行播种机

彩图 6-13　璟田 2 行蔬菜播种机

彩图 6-14　红藜 1 号田间出苗情况

A. 璟田 2 行播种机株距 16 厘米　B. 璟田 2 行播种机株距 18 厘米　C. 蔬菜 4 行播种机

彩图 6-15　璟田 2 行播种机增加了镇压带

彩图 6-16　加镇压带后的璟田 2 行播种机播种效果

彩图 6-17　一体式藜麦播种机

彩图 6-18　藜麦机械中耕除草

彩图 6-19　无人机喷药

彩图 7-1　不同栽培方式比较

A. 无土栽培法　B. 穴盘基质栽培法　C. 温室直播

彩图 7-2　设施栽培方式

A. 盆栽　B. 槽式栽培

彩图 7-3　焯水前后的 11 个藜麦菜用品种

彩图 7-4　德易播 2BF-10 蔬菜播种机

彩图 7-5　部分品种 1 月 24 日刈割后再生能力表现

彩图 7-6　菜用藜麦及其收获

彩图 7-7　北京金六环农业园种植的藜麦苗菜

彩图 7-8　北京金惠农农业专业合作社种植的藜麦苗菜

彩图 7-9　北京红泥乐农场盆栽藜麦

彩图 7-10　北京鑫城缘果品专业合作社草莓架下藜麦蔬菜

彩图 7-11　《绿色时空》栏目介绍藜麦蔬菜

彩图 9-1　藜麦专用粉生产线安装

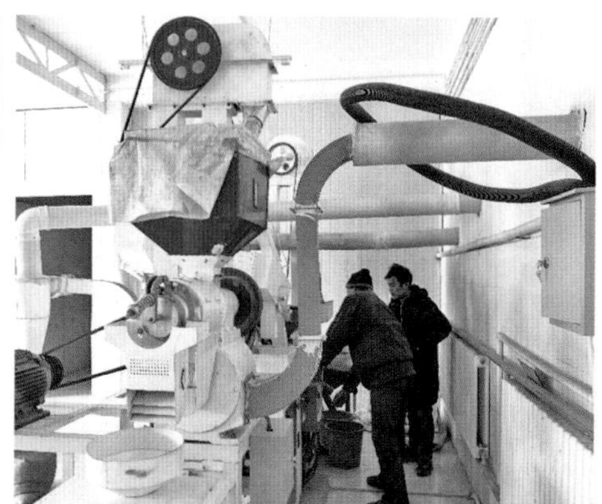

彩图 9-2　藜麦专用粉生产线调试

彩图 9-3　藜麦专用粉加工生产线

彩图 9-4　藜麦啤酒加工生产线

彩图 9-5　门头沟灵山藜麦面、藜麦粉

彩图 9-6　门头沟大山藜麦

彩图 9-7　门头沟月福藜麦

彩图 9-8　门头沟藜麦啤酒

彩图 10-1　藜麦芝士牛肉

彩图 10-2　藜麦米芙蓉虾仁

彩图 10-3　藜麦葱烧牛肝菌

彩图 10-4　藜麦蒜香羊肉

彩图 10-5　菊苣藜麦鸡肉碎

彩图 10-6　藜麦煎虾饼

彩图 10-7　清炒藜麦

彩图 10-8　藜麦米菊花鱼

彩图 10-9　鸳鸯藜麦瓜

彩图 10-10　清蒸藜麦肉丸

彩图 10-11　藜麦蒸排骨

彩图 10-12　藜麦米水果冷炸弹

彩图 10-13　蒜蓉拌藜麦

彩图 10-14　藜麦肉松蔬菜沙拉

彩图 10-15　彩菊藜麦苗

彩图 10-16　藜麦芽苗核桃仁

彩图 10-17　动感藜麦卷

彩图 10-18　藜麦双色卷饼

彩图 10-19　藜麦米寿司

彩图 10-20　藜麦米汤圆

彩图 10-21　藜麦水晶包

彩图 10-22　鸡蛋炒藜麦饭

彩图 10-23　藜麦水饺

彩图 10-24　八宝三色饭

彩图 10-25　藜麦云吞

彩图 10-26　藜麦糕

彩图 10-27　藜麦土豆饼

彩图 10-28　藜麦面条

彩图 10-29　藜麦养生粽子

彩图 10-30　藜麦苗鱼丸汤

彩图 10-31　番茄藜麦酸黄瓜牛尾汤

彩图 10-32　海参大枣藜麦汤

彩图 10-33　藜麦米炖松茸

彩图 10-34　养生藜麦粥

彩图 10-35　藜麦米糊

彩图 10-36　藜麦焦早茶